礼花绽放效果

下雪效果

模糊清晰图效果

结尾黑场动画

在小窗口中浏览大图像效果

Animate CC 2017 中文版
基础与实例教程

花样百叶窗

制作动画片

字母变形

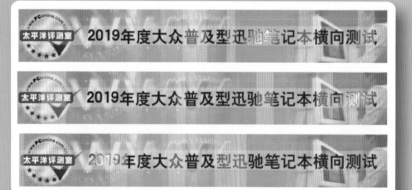

Banner广告条动画

光影文字

人物行走动画

注册界面

转轴与手写字动画

由鼠标控制图片拖放和键盘控制图片缩放效果

手机产品广告动画

MP3播放器　　　　　倒计时动画

鼠标跟随效果

Animate CC 2017 中文版
基础与实例教程

登录界面

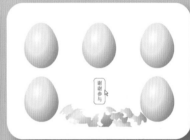

砸金蛋游戏

镜头的应用

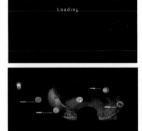

制作天津美术学院网站

多种文字效果　　　　　　　　　　　交互式按钮控制的广告效果

北京高等教育精品教材
电脑艺术设计系列教材

Animate CC 2017 中文版
基础与实例教程
第 6 版

张 凡 等编著

设计软件教师协会 审

机械工业出版社

本书被评为"北京高等教育精品教材",属于实例教程类图书。全书分为基础入门、基础实例演练、综合实例演练 3 个部分,内容包括 Animate CC 2017 动画基础、Animate CC 2017 基础知识、基础动画、高级动画、交互动画、组件以及综合实例,旨在帮助读者用较短的时间掌握这一软件。本书将艺术灵感和计算机技术结合在一起,全面系统地介绍了动画制作软件 Animate CC 2017 的使用方法和技巧,展示 Animate CC 2017 的无限魅力。此外,本书对目前流行的网站和动画片也进行了全面透彻的讲解。

本书通过网盘(获取方式见封底)提供电子课件、各章与课后练习的素材与结果文件。

本书既可作为大中专院校相关专业或相关培训机构的教材,也可作为动画设计爱好者的自学或参考用书。

图书在版编目(CIP)数据

Animate CC 2017 中文版基础与实例教程 / 张凡等编著. — 6 版. —北京: 机械工业出版社, 2020.6
电脑艺术设计系列教材
ISBN 978-7-111-65031-7

Ⅰ.① A… Ⅱ.①张… Ⅲ.①超文本标记语言—程序设计—教材 Ⅳ.① TP312.8

中国版本图书馆 CIP 数据核字(2020)第 040707 号

机械工业出版社(北京市百万庄大街 22 号 邮政编码 100037)
策划编辑:郝建伟 责任编辑:郝建伟
责任校对:张艳霞 责任印制:张 博

三河市宏达印刷有限公司印刷

2020 年 5 月第 6 版·第 1 次印刷
184mm×260mm·18.75 印张·2 插页·465 千字
0001—2000 册
标准书号:ISBN 978-7-111-65031-7
定价:65.00 元

电话服务　　　　　　　　　　　网络服务
客服电话:010-88361066　　　机 工 官 网:www.cmpbook.com
　　　　　010-88379833　　　机 工 官 博:weibo.com/cmp1952
　　　　　010-68326294　　　金 书 网:www.golden-book.com
封底无防伪标均为盗版　　　机工教育服务网:www.cmpedu.com

前　言

Animate CC（Flash）是目前业界公认的权威网页动画制作软件,具有向量绘图与动画编辑功能,可以简易地制作连续动画、交互按钮。此软件功能完善、性能稳定、使用方便,是多媒体课件制作、手机游戏、网站制作和动漫等领域不可或缺的工具。

本书第 6 版和第 5 版相比,对"第 5 章 交互动画"和"第 6 章 组件"两章的实例进行全面更新,从而使本书内容更加丰富、结构更加合理,更便于教师教学和读者自学。本书通过网盘（获取方式见封底）提供电子课件、各章与课后练习的素材与结果文件。

本书属于实例教程类图书,全书分为 3 部分,其主要内容如下。

第 1 部分 基础入门,包括两章。第 1 章详细讲解了 Animate CC 动画的原理、特点和主要应用领域;第 2 章详细讲解了 Animate CC 2017 中工具的使用和制作动画的基础知识。

第 2 部分 基础实例演练,包括 4 章。第 3 章详细讲解了文字动画和人物行走等的制作方法;第 4 章详细讲解了高级动画的制作方法;第 5 章详细讲解了 Animate CC 2017 交互动画的制作方法;第 6 章详细讲解了 Animate CC 2017 组件的使用方法。

第 3 部分 综合实例演练,包括 1 章。第 7 章主要介绍如何综合利用 Animate CC 2017 的功能制作目前流行的网站和动画片。

本书是"设计软件教师协会"推出的系列教材之一,被评为"北京高等教育精品教材"。本书内容丰富、结构清晰、实例典型、讲解详尽、富于启发性。书中全部实例均是由多所院校（中央美术学院、北京师范大学、清华大学、北京电影学院、中国传媒大学、天津美术学院、天津师范大学、首都师范大学、山东理工大学、河北艺术职业学院）具有丰富教学经验的教师和一线优秀设计人员从长期教学和实际工作中总结出来的。

参与本书编写工作的有张凡、龚声勤、曹子其、杨洪雷和杨艳丽。

本书既可作为大中专院校相关专业或相关培训机构的教材,也可作为动画设计爱好者的自学或参考用书。

由于作者水平有限,书中难免有疏漏或不妥之处,敬请广大读者批评指正。

编者

目　　录

第 2 部分 基础实例演练

第3部分 综合实例演练

第 1 部分　基础入门

- 第 1 章　Animate CC 2017 动画基础
- 第 2 章　Animate CC 2017 基础知识

第1章 Animate CC 2017 动画基础

通过本章的学习，读者应掌握动画原理、Animate CC（Flash）动画的特点和应用领域等方面的相关知识。

1.1 Animate CC 动画的原理

所谓动画，其本质就是一系列连续播放的画面，利用人眼视觉的滞留效应呈现出的动态影像。大家可能接触过电影胶片，从表面上看，它们像许多画面串在一条塑料胶片上。每一个画面称为一帧，代表电影中的一个时间片段。这些帧的内容总比前一帧稍有变化，当连续的电影胶片画面在投影机上放映时，就产生了运动的错觉。

Animate CC（Flash）动画的播放原理与影视播放原理是一样的，产生动画最基本的元素也是一系列静止的图片，即帧。在 Animate CC（Flash）的时间轴上每一个小格就是一帧，按理说，每一帧都需要制作，但 Flash 具有自动生成前后两个关键帧之间的过渡帧的功能，这就大大提高了 Animate CC（Flash）动画的制作效率。例如，要制作一个 10 帧的从圆形到多边形的动画，只要在第 1 帧处绘制圆形，在第 10 帧处绘制多边形，然后利用"创建补间形状"命令，即可自动添加这两个关键帧之间的其余帧。

1.2 Animate CC 动画的特点

Animate CC（Flash）作为一款集动画创作与应用程序开发于一身的创作软件，优势是非常明显的。它具有以下特点。

1）矢量绘图。使用矢量图的最大特点在于无论放大还是缩小，画面永远都会保持清晰，不会出现类似位图的锯齿现象。

2）Animate CC（Flash）生成的文件体积小，适合在网络上进行传播和播放。一般几十兆字节的 Flash 源文件，输出后只有几兆字节。

3）Animate CC（Flash）的图层管理使操作更简便、快捷。例如制作人物动画时，可将人的头部、身体、四肢放到不同的层上分别制作动画，这样可以有效避免所有图形元件都在一层内所出现的修改起来费时费力的问题。

1.3 Animate CC 动画的主要应用领域

对于普通用户来说，只要掌握了 Animate CC（Flash）动画的基本制作方法和技巧，就能制作出丰富多彩的动画效果。这就使得 Animate CC（Flash）动画具有广泛的用户群体，在诸多行业中得到了广泛应用。

1. 网络广告

全球有超过 6 亿在线用户安装了 Flash Player，这使得浏览者可以直接欣赏 Animate CC（Flash）动画，而不需要下载和安装插件。随着经济的发展，大众的物质生活水平不断提高，对娱乐服务的需求也在持续增长。在因特网上，由 Animate CC（Flash）动画引发的对动画娱乐产品的需求也迅速增长。目前越来越多的企业已经转向使用 Animate CC（Flash）动画技术制作网络广告，以便获得更好的效果。图 1-1 为使用 Animate CC 制作的网络广告效果。

图 1-1　使用 Animate CC 制作的网络广告效果

2．电视领域

随着 Animate CC（Flash）动画的发展，它在电视领域的应用已经不再局限于短片，还可用于电视系列片的生产，并成为一种新的形式，一些少儿动画电视台还开设了 Animate CC（Flash）动画的栏目，这使得 Flash 动画在电视领域的运用越来越广泛。图 1-2 为使用 Animate CC 制作的系列动画片《老鼠也疯狂》中的画面效果。

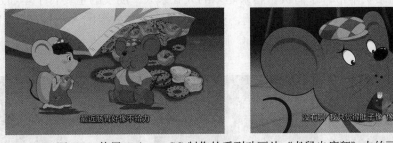

图 1-2　使用 Animate CC 制作的系列动画片《老鼠也疯狂》中的画面效果

3．音乐 MTV

在我国，利用 Animate CC 制作 MTV 的商业模式已经被广泛应用。利用 Animate CC 制作的 MTV 可以生动、鲜明地表达出 MTV 歌曲中的意境，让欣赏者能轻松看懂并深入其中。Animate CC MTV 提供了一条在唱片宣传上既能保证质量，又能降低成本的有效途径，并且成功地把传统唱片推广并扩展到网络经营的更大空间。图 1-3 为使用 Animate CC 制作的MTV 效果。

图 1-3　使用 Animate CC 制作的 MTV 效果

4. 教学领域

随着多媒体教学的普及，Animate CC（Flash）动画技术越来越广泛地被应用于电子课件制作中，使得课件功能更加完善，内容更加丰富。图 1-4 为使用 Animate CC 制作的电子课件效果。

图 1-4　使用 Animate CC 制作的电子课件效果

5. 贺卡领域

网络发展也给网络贺卡带来了商机，越来越多的人在亲人、朋友的重要日子里通过因特网发送贺卡，而传统的图片文字贺卡过于单调，这就使得具有丰富效果的 Animate CC（Flash）动画有了用武之地。图 1-5 为使用 Animate CC 制作的电子贺卡效果。

图 1-5　使用 Animate CC 制作的电子贺卡效果

6. 游戏领域

Animate CC（Flash）强大的交互功能搭配其优良的动画能力，使得它能够在游戏领域中占有一席之地。使用 Flash 中的影片剪辑、按钮、图形元件等进行动画制作，再结合动作脚本的运用，就能制作出精致的 Flash 游戏。由于它能够减少游戏中电影片段所占的数据量，因此可以节省更多的空间。图 1-6 为使用 Animate CC 制作的游戏画面效果。

图 1-6　使用 Animate CC 制作的游戏画面效果

7．网站

Animate CC（Flash）具有良好的动画表现力与强大的后台技术，并支持 HTML 与网页编程语言的使用，使得其在制作网站方面具有很好的优势。图 1-7 为使用 Animate CC 制作的网站效果。

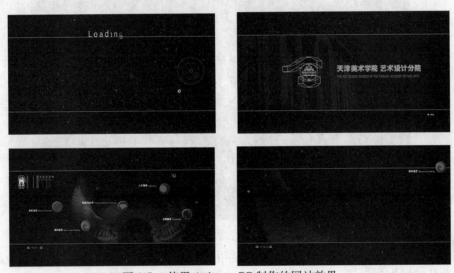

图 1-7　使用 Animate CC 制作的网站效果

8．手机应用

使用 Animate CC（Flash）可以制作出手机的很多应用动画（包括 Flash 手机屏保、Flash 手机主题、Flash 手机游戏、Flash 手机应用工具等）。另外，利用 Flash AIR 可以实现跨操作系统的集成平台，并开发出在安卓与苹果系统下都可以运行的软件程序。

1.4　课后练习

（1）简述 Animate CC 动画的特点。

（2）简述 Animate CC 动画的主要应用领域。

第 2 章 Animate CC 2017 基础知识

通过本章的学习，读者应掌握 Animate CC 2017 的基本概念、工具箱中各种工具的使用，以及动画制作方面的基础知识。

2.1 Animate CC 2017 界面构成

启动 Animate CC 2017，首先显示出如图 2-1 所示的启动界面。

图 2-1 启动界面

启动界面中部的主体部分列出了一些常用的任务。其中，左边栏显示的是最近使用过的项目和从模板创建文件，中间栏显示的是可以创建的各种类型的新项目，右边栏显示的是 Animate CC 2017 的简介和学习如何制作 Animate CC 2017 动画的帮助文件。

下面打开一个动画文件。方法：单击左边栏中的 打开 按钮，在弹出的"打开"对话框中选择网盘中的"素材及结果 \4.1 光影文字 \ 光影文字 .fla"文件，如图 2-2 所示，单击"打开"按钮，即可进入该文件的工作界面，如图 2-3 所示。

Animate CC 2017 工作界面主要可以分为动画文件选项卡、工具箱、时间轴、舞台、面板组和面板几部分。下面分别进行具体讲解。

1. 动画文件选项卡

在这里显示了当前打开的文件名称。如果此时打开了多个文件，则可以通过单击相应的文件名称来实现文件之间的切换。

图 2-2　选择要打开的文件

图 2-3　"光影文字 .fla"文件工作界面

2．工具箱

工具箱中包含了多种常用的绘制图形的工具和辅助工具，它们的具体使用方法参见 2.2 节。

3．时间轴

时间轴用于组织和控制一定时间内的图层和帧中的文档内容。时间轴左边为图层，右边为帧，动画从左向右逐帧进行播放。

4．舞台

舞台又称为工作区域，是 Animate CC 2017 工作界面中最大的区域。在这里可以摆放一些图片、文字、按钮和动画等。

5．面板组

面板组位于工作界面的右侧，包括多个面板缩略图。单击相关面板缩略图按钮，可以完整地显示出对应的面板。

6．面板

在面板组中单击相关缩略图按钮，即可显示出对应的面板。利用这些面板，可以为动画添加非常丰富的特殊效果。单击面板顶端的 ▮ 小图标，可以将面板缩小为图标。在这种情况下，可以使软件界面极大简化，同时保持必备工具随时访问。

2.2 图形制作

本节将对 Animate CC 2017 提供的图形处理工具进行一些简单的讲解，并列举一些基本的图形绘制实例。通过对本节的学习，相信大家对 Animate CC 2017 的图形制作不会再感到陌生了。

2.2.1 Animate CC 2017 的图形

计算机以矢量或位图格式显示图形，了解这两种格式的差别有助于用户更高效地工作。使用 Animate CC 2017 可以创建压缩矢量图形并将它们制作为动画，也可以导入和处理在其他应用程序中创建的矢量图形和位图图像。在编辑矢量图形时，用户可以修改描述图形形状的线条和曲线属性，也可以对矢量图形进行移动、调整大小、重定形状及更改颜色的操作，而不更改其外观品质。

在 Animate CC 2017 中绘图时，创建的是矢量图形，它是由数学公式所定义的直线和曲线组成的。矢量图形与分辨率无关，因此，用户可以将图形重新调整到任意大小，或以任何分辨率显示它，而不会影响其清晰度。另外，与下载类似的位图图像相比，下载矢量图形的速度比较快。

图形编辑是 Animate CC 2017 的重要功能之一，用户在了解了一些基本的绘图方法之后，就可以从绘图工具栏里选择不同的工具以及它们的修饰功能键来进行创建、选择、分割图形等操作。当选择了不同的工具时，图形工具栏外观会跟着发生一些变化，且修饰功能键以及下拉菜单也将出现在工具栏的下半部分。修饰功能键大大扩展了此工具的使用功能，加强了此工具的实用性和灵活性。

一般情况下，在第一次接触到某工具时，只要能大概知道它的作用就可以了，至于具体应用，则需要在实践中去体会和理解。

2.2.2 铅笔工具和线条工具

在讲解铅笔工具之前先来熟悉一下工具箱。Animate CC 2017 的工具箱如图 2-4 所示。

1．铅笔工具

▮ （铅笔工具）用于在场景的指定帧上绘制线条

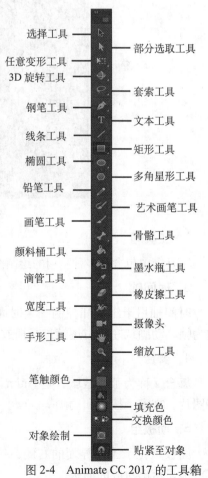

图 2-4　Animate CC 2017 的工具箱

选择工具
任意变形工具
3D 旋转工具
钢笔工具
线条工具
椭圆工具
铅笔工具
画笔工具
颜料桶工具
滴管工具
宽度工具
手形工具
笔触颜色
对象绘制

部分选取工具
套索工具
文本工具
矩形工具
多角星形工具
艺术画笔工具
骨骼工具
墨水瓶工具
橡皮擦工具
摄像头
缩放工具
填充色
交换颜色
贴紧至对象

和形状，它的效果就好像用真的铅笔画画一样。Animate CC 2017 中的铅笔工具有属于自己的特点，比如，可以在绘图的过程中拉直线条或者平滑曲线，还可以识别或者纠正基本几何形状。另外，还可以使用铅笔工具的修正功能来创建特殊形状，也可以手工修改线条及其形状。

选择工具箱上的（铅笔工具）时，在工具箱下部的选项部分中将显示对象绘制按钮，用于绘制互不干扰的多个图形，单击右侧下的小三角形，会出现如图 2-5 所示的选项。

这 3 个选项分别对应铅笔工具的 3 个绘图模式。

● 选择（伸直）时，系统会将独立的线条自动连接，将接近直线的线条自动拉直，对摇摆的曲线进行直线式处理。

● 选择（平滑）时，将缩小 Animate CC 2017 自动进行处理的范围。在平滑选项模式下，线条拉直和形状识别功能都将被禁止。在绘制曲线后，系统可以进行轻微的平滑处理，且使端点接近的线条彼此可以连接。

● 选择（墨水）时，将关闭 Animate CC 2017 自动处理功能，即画的是什么样就是什么样，不做任何平滑、拉直或连接处理。

选择（铅笔工具）的同时，在"属性"面板中也会出现如图 2-6 所示的选项，包括笔触颜色、笔触粗细、样式、缩放、端点类型和接合类型等。

图 2-5　下拉选项　　　　　　　图 2-6　铅笔"属性"面板

单击颜色框，会弹出 Animate CC 2017 自带的 Web 颜色系统，如图 2-7 所示，从中可以定义所需的笔触颜色；拖动"笔触"右侧的滑块，可以自由设定线条的宽度；单击"样式"右侧的下拉按钮，可以从弹出的下拉列表中选择所需要的线条样式，如图 2-8 所示；单击（编辑笔触样式）按钮，可以在弹出的"笔触样式"对话框中设置所需的线条样式。

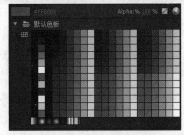

图 2-7　Web 颜色系统　　　　　　　图 2-8　线条样式

在"笔触样式"对话框中共有"实线""虚线""点状线""锯齿线""点刻线"和"斑马线"6 种线条类型。

- 实线：最适合在 Web 上使用的线型。此线型可以通过"粗细"和"锐化转角"两个选项来设定，如图 2-9 所示。
- 虚线：带有均匀间隔的实线。短线和间隔的长度是可以调整的，如图 2-10 所示。

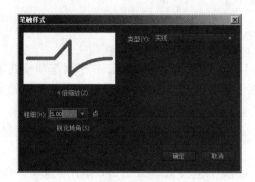

图 2-9　实线　　　　　　　　　　　　　　图 2-10　虚线

- 点状线：绘制的直线由间隔相等的点组成。点状线与虚线有些相似，但只有点的间隔距离可调整，如图 2-11 所示。
- 锯齿线：绘制的直线由间隔相等的粗糙短线组成。它的粗糙程度可以通过图案、波高和波长 3 个选项来进行调整，如图 2-12 所示。在"图案"选项中有"简单""实线""随机""点状""随机点状""三点状""随机三点状"7 种样式可供选择；在"波高"选项中有"平坦""起伏""剧烈起伏""强烈"4 个选项可供选择；在"波长"选项中有"非常短""较短""中""长"4 个选项可供选择。

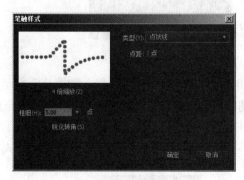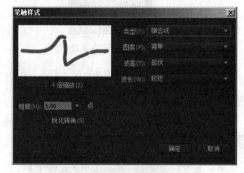

图 2-11　点状线　　　　　　　　　　　　　图 2-12　锯齿线

- 点刻线：绘制的直线可用来模拟艺术家手刻的效果。点刻线的品质可通过点大小、点变化和密度来调整，如图 2-13 所示。在"点大小"选项中有"很小""小""中等""大"4 个选项可供选择；在"点变化"选项中有"同一大小""微小变化""不同大小""随机大小"4 个选项可供选择；在"密度"选项中有"非常密集""密集""稀疏""非常稀疏"4 个选项可供选择。

● 斑马线：绘制复杂的阴影线，可以精确模拟艺术家手绘的阴影线，产生无数种阴影效果，这可能是 Animate CC 2017 绘图工具中复杂性最高的操作之一，如图 2-14 所示。它的参数有粗细、间隔、微动、旋转、曲线和长度等。其中，"粗细"选项中有"极细线""细""中""粗"4 个选项可供选择；"间隔"选项中有"非常近""近""远""非常远"4 个选项可供选择；"微动"选项中有"无""回弹""松散""强烈"4 个选项可供选择；"旋转"选项中有"无""轻微""中""自由"4 个选项可供选择；"曲线"选项中有"直线""轻微弯曲""中等弯曲""强烈弯曲"4 个选项可供选择；"长度"选项中有"相等""轻微变化""中等变化""随机"4 个选项可供选择。

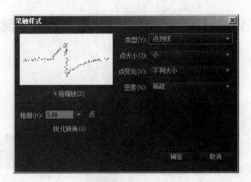
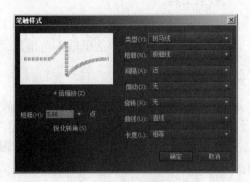

图 2-13　点刻线　　　　　　　　　　　　图 2-14　斑马线

面板下方的"端点"和"接合"选项用于设置线条的线段两端和拐角的类型，如图 2-15 所示。端点类型包括"无""圆角"和"方形"3 种，效果如图 2-16 所示。用户可以在绘制线条之前设置好线条属性，也可以在绘制完成后重新修改线条的属性。

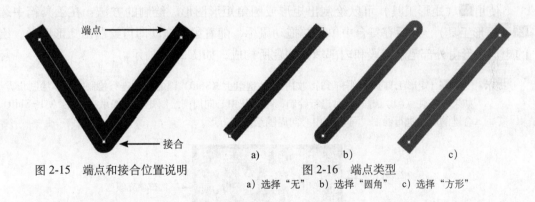

图 2-15　端点和接合位置说明　　　　　图 2-16　端点类型
　　　　　　　　　　　　　　　　　　a）选择"无"　b）选择"圆角"　c）选择"方形"

接合指的是在线段的转折处也就是拐角的地方，线段以何种方式呈现拐角形状。有"尖角""圆角"和"斜角"3 种方式可供选择，效果如图 2-17 所示。

当选择接合为"尖角"的时候，右侧的尖角限制文本框会变为可用状态，如图 2-18 所示。在这里可以指定尖角限制数值的大小，数值越大，尖角就越尖锐；数值越小，尖角会被逐渐削平。

图 2-17　接合类型

a）选择"尖角"　b）选择"圆角"　c）选择"斜角"

图 2-18　尖角选项

2．线条工具

使用 Animate CC 2017 中的 ▱（线条工具）可以绘制从起点到终点的直线。其选项与 ▱（铅笔工具）的选项基本一致，这里就不再重复。

2.2.3　图形工具

在 Animate CC 2017 中包括▱（矩形工具）、▱（椭圆工具）、▱（基本矩形工具）、▱（基本椭圆工具）和▱（多角星形工具）5 种图形工具。在默认情况下，Animate CC 2017 工具箱中只显示▱（矩形工具）、▱（椭圆工具）和▱（多角星形工具），而▱（基本矩形工具）和▱（基本椭圆工具）为隐藏工具，如果要使用这两种工具则可以在工具箱中按住▱（矩形工具）或▱（椭圆工具）不放，在弹出的隐藏工具面板中选择相应的图形工具，如图 2-19 所示。

图 2-19　选择相应的图形工具

1．矩形工具和椭圆工具

▱（矩形工具）和▱（椭圆工具）分别用于绘制矩形图形和椭圆图形。

（1）矩形工具及其属性设置

使用▱（矩形工具）可以绘制出矩形或圆角矩形图形。绘制的方法：在工具箱中选择▱（矩形工具），然后在舞台中单击并拖动鼠标，随着鼠标拖动即可绘制出矩形图形。绘制的矩形图形由外部笔触线段和内部填充颜色所构成，如图 2-20 所示。

提示：使用▱（矩形工具）绘制矩形时，如果按住键盘上〈Shift〉键的同时进行绘制，可以绘制正方形；如果在按住〈Alt〉键的同时进行绘制，可以从中心向周围绘制矩形；如果在按住〈Alt+Shift〉组合键的同时进行绘制，可以从中心向周围绘制正方形。

外部笔触线段 ——　　　　　　　　　　—— 内部填充颜色

图 2-20　绘制的矩形图形

选择工具箱上的▱（矩形工具）后，在"属性"面板中将出现▱（矩形工具）的相关属性设置，如图 2-21 所示。

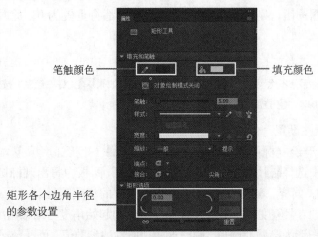

图 2-21　矩形工具的"属性"面板

在矩形工具的"属性"面板中可以设置矩形的外部笔触线段属性、填充颜色属性以及矩形选项的相关属性。其中，外部笔触线段与填充颜色的属性与 (铅笔工具)的属性设置相同，这里不再重复。"属性"面板中的"矩形选项"用于设置矩形 4 个边角半径的角度值。

1）矩形边角半径：用于指定矩形的边角半径，可以在每个文本框中输入矩形边角半径的参数值。

2） (锁定)与 (解锁)：如果当前显示为 (锁定)状态，那么只要设置一个边角半径的参数，则所有边角半径的参数都会随之进行调整，同时也可以通过移动右侧滑块的位置统一调整矩形边角半径的参数值，如图 2-22 所示；如果单击 (锁定)，则将取消锁定，此时显示为 (解锁)状态，不能再通过拖动右侧滑块来调整矩形边角半径的参数，但是还可以对矩形的 4 个边角半径的参数值分别进行设置，如图 2-23 所示。

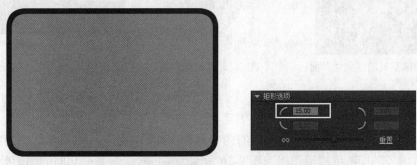

图 2-22　同时调整矩形边角半径参数值后的效果

图 2-23　分别调整矩形边角半径参数值后的效果

3）重置：单击 重置 按钮，则矩形边角半径的参数值都将重置为 0，此时，绘制矩形的各个边角都将为直角。

提示：在"属性"面板中或者在工具箱下方单击▣（对象绘制）按钮，使其处于打开状态，此时绘制多个图形时，重叠部分不会互相影响，各自独立；反之，如果▣（对象绘制）按钮处于关闭状态，此时绘制多个图形时，重叠部分会互相影响。

（2）椭圆工具及其属性设置

▣（椭圆工具）用于绘制椭圆图形，其使用方法与▣（矩形工具）基本类似，这里就不再赘述了。在工具箱中选择◉（椭圆工具）后，"属性"面板中将出现椭圆工具的相关属性设置，如图 2-24 所示。同样，这里只介绍"椭圆选项"的相关属性。

1）"开始角度"与"结束角度"：用于设置椭圆图形的起始角度与结束角度值。如果这两个参数均为 0，则绘制的图形为椭圆或圆形。调整这两项属性的参数值，可以轻松地绘制出扇形、半圆形及其他具有创意的形状。图 2-25 所示为"开始角度"与"结束角度"参数变化时的图形效果。

图 2-24　椭圆工具的"属性"面板

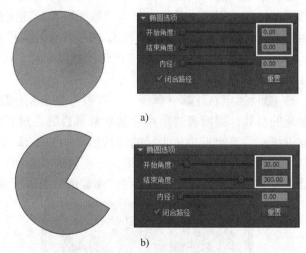

图 2-25　"开始角度"与"结束角度"参数变化时的图形效果
a）"开始角度"与"结束角度"都为 0°时的效果
b）"开始角度"为 30°，"结束角度"为 300°时的效果

2）内径：用于设置椭圆的内径，其参数值范围为 0～99。如果参数值为 0，则可根据"开始角度"与"结束角度"绘制没有内径的椭圆或扇形图形；如果参数值为其他参数，则可绘制有内径的椭圆或扇形图形。图 2-26 所示为"内径"参数变化时的图形效果。

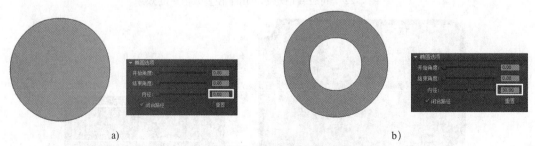

图 2-26　"内径"参数变化时的图形效果
a）"内径"为 0.00　b）"内径"为 50.00

3）闭合路径：用于确定椭圆的路径是否闭合。如果绘制的图形为一条开放路径，则生成的图形不会填充颜色，而仅绘制笔触。默认情况下选中"闭合路径"选项。

4）重置：单击 重置 按钮，◉（椭圆工具）的"开始角度""结束角度"和"内径"参数将全部重置为 0。

2．基本矩形工具和基本椭圆工具

▣（基本矩形工具）、◔（基本椭圆工具）与▣（矩形工具）、◉（椭圆工具）类似，同样用于绘制矩形与椭圆图形。不同之处在于使用▣（矩形工具）和◉（椭圆工具）绘制的矩形与椭圆图形不能再通过"属性"面板设置矩形的边角半径和椭圆圆形的开始角度、结束角度、内径等属性，使用▣（基本矩形工具）和◔（基本椭圆工具）绘制的矩形与椭圆图形则可以继续通过"属性"面板随时进行属性设置。

3．多角星形工具

◉（多角星形工具）用于绘制星形或者多边形。当选择◉（多角星形工具）后，在"属性"面板中单击 选项... 按钮，如图 2-27 所示，可以在弹出的"工具设置"对话框中进行相关选项的设置，如图 2-28 所示。

图 2-27　单击"选项"按钮　　　　图 2-28　"工具设置"对话框

1）样式：用于设置绘制图形的样式，有多边形和星形两种类型可供选择。图 2-29 所示为选择不同样式类型的效果。

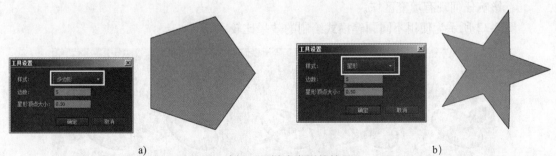

a)　　　　　　　　　　　　　　　　　　b)

图 2-29　选择不同样式类型的效果

a）选择"多边形"　b）选择"星形"

2）边数：用于设置绘制的多边形或星形的边数。

3）星形顶点大小：用于设置星形顶角的锐化程度，数值越大，星形顶角越圆滑；反之，星形顶角越尖锐。

2.2.4 画笔工具

利用 ✐（画笔工具）可以绘制类似毛笔绘图的效果，应用于绘制对象或者内部填充，其使用方法与 ✐（铅笔工具）类似。但是使用 ✐（铅笔工具）绘制的图形是笔触线段，而使用 ✐（画笔工具）绘制的图形是填充颜色。

在工具箱中选择 ✐（画笔工具）后，在工具箱下方的"选项区域"中将出现 ✐（画笔工具）的相关选项，如图 2-30 所示。

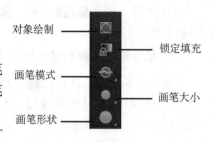

图 2-30　画笔工具的相关选项

- 对象绘制：以对象模式绘制互不干扰的多个图形。
- 锁定填充：用于设置填充的渐变颜色是独立应用还是连续应用。
- 画笔模式：用于设置画笔工具的各种模式。
- 画笔大小：用于设置画笔工具的笔刷大小。
- 画笔形状：用于设置画笔工具的形状。

1．使用画笔模式

"画笔模式"用于设置 ✐（画笔工具）绘制图形时的填充模式。单击该按钮，可以弹出如图 2-31 所示的 5 种画笔模式。

图 2-31　画笔模式

- ⟳（标准绘画）：使用该模式时，绘制的图形可对同一图层的笔触线段和填充颜色进行填充。
- ⟳（颜料填充）：使用该模式时，绘制的图形只填充同一图层的填充颜色，而不影响笔触线段。
- ⟳（后面绘画）：使用该模式时，绘制的图形只填充舞台中的空白区域，而对同一图层的笔触线段和填充颜色不进行填充。
- ⟳（颜料选择）：使用该模式时，绘制的图形只填充同一图层中被选择的填充颜色区域。
- ⟳（内部绘画）：使用该模式时，绘制的图形只对画笔工具开始时所在的填充颜色区域进行填充，而不对笔触线段进行填充。如果在舞台空白区域中开始填充，则不会影响任何现有填充区域。

图 2-32 所示为使用不同画笔模式绘制的效果比较。

图 2-32　使用不同画笔模式绘制的效果比较

2．画笔工具的属性设置

　　选择 （画笔工具）后，可以在"属性"面板中设置 ✍（画笔工具）的相关属性。对于 ✍（画笔工具），除了可以设置常规的填充和笔触属性外，还有一个"平滑"的属性，如图 2-33 所示。该属性用于设置绘制图形的平滑模式，此参数值越大，绘制的图形越平滑。图 2-34 所示为设置不同"平滑"值的效果比较。

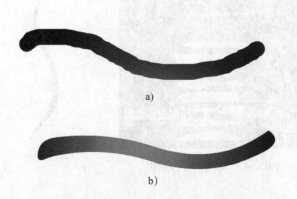

　　图 2-33　画笔工具的"平滑"属性　　　　图 2-34　设置不同"平滑"值的效果比较
　　　　　　　　　　　　　　　　　　　　a)"平滑"值为 0　b)"平滑"值为 80

2.2.5　艺术画笔工具

　　利用 ✍（艺术画笔工具）可以绘制各种艺术绘图的效果，其使用方法与 ✍（画笔工具）类似。

　　默认情况下，使用 ✍（艺术画笔工具）绘制的只有笔触线段，如果要绘制带填充的效果，可以先选择 ✍（艺术画笔工具），然后在"属性"面板的"画笔选项"卷展栏中勾选"绘制为填充色"复选框，如图 2-35 所示。

　　在 ✍（艺术画笔工具）的"属性"面板的"样式"右侧下拉列表中有多种样式可供选择，如图 2-36 所示。图 2-37 为选择不同样式绘制的效果比较。

　　单击"样式"右侧的 ✂（画笔库）按钮，可以调出"画笔库"面板，如图 2-38 所示。通过选择"画笔库"面板中不同的画笔样式，用户可以绘制出各种艺术绘图的效果。图 2-39 为在"画笔库"面板中选择不同画笔样式绘制的效果比较。

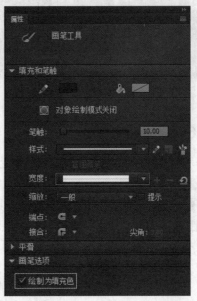

图 2-35　勾选"绘制为填充色"复选框

图 2-36 "样式"下拉列表

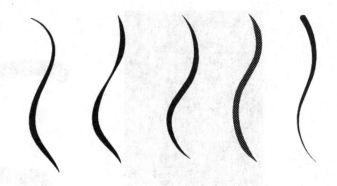

图 2-37 选择不同样式绘制的效果比较

图 2-38 "画笔库"面板

图 2-39 选择不同画笔样式绘制的效果比较

2.2.6 墨水瓶工具

利用 可以改变现有直线的颜色、线型和宽度，该工具通常与 配合使用。

和位于工具箱上的同一位置，默认情况下显示为。如果要使用，则可以按住不放，从弹出的面板中选择，如图 2-40 所示。当选择后，"属性"面板中会显示出的相关属性，如图 2-41 所示。

下面通过一个小例子来讲解墨水瓶工具的基本使用方法。

【实例】选择工具箱上的，设置它的笔触颜色为黑色（#000000），笔触大小为 2，填充色为灰色，然后在工作区中绘制一个矩形，如图 2-42 所示。接着选择工具箱上的，设置它的笔触颜色为深灰色（#999999），在工作区中矩形的边缘上单击，即可看到矩形的黑色边框变成了深灰色，如图 2-43 所示。

图 2-40　选择墨水瓶工具　　　　图 2-41　墨水瓶工具的"属性"面板

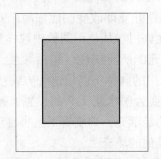

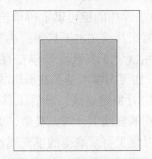

图 2-42　笔触大小为 2 的矩形　　　　图 2-43　修改笔触颜色

2.2.7　颜料桶工具

利用 （颜料桶工具）可以对封闭的区域、未封闭的区域及闭合形状轮廓中的空隙进行颜色填充。填充的颜色可以是纯色，也可以是渐变色。

在工具箱中选择（颜料桶工具）后，在工具箱下方的"选项区域"中将出现（颜料桶工具）的相关选项设置，如图 2-44 所示。单击（间隔大小）按钮，可以弹出如图 2-45 所示的 4 种空隙选项。

图 2-44　颜料桶工具的"选项区域"　　　　图 2-45　空隙选项

- 不封闭空隙：用于在没有空隙的条件下进行颜色填充。
- 封闭小空隙：用于在空隙比较小的条件下进行颜色填充。
- 封闭中等空隙：用于在空隙比较大的条件下进行颜色填充。

● ⟳封闭大空隙：用于在空隙很大的条件下进行颜色填充。

如果激活 🔒（锁定填充）按钮，则可以对图形填充的渐变颜色或位图进行锁定，使填充看起来好像填充至整个舞台一样。

2.2.8 滴管工具

✒（滴管工具）用于从现有的钢笔线条、画笔描边或者填充上取得（或者复制）颜色和风格信息，该工具没有任何参数。

当滴管工具不是在直线、填充或者画笔描边的上方时，光标显示为 ✒，类似于工具箱上的滴管工具图标；当滴管工具位于直线上方时，光标显示为 ✒，即在标准滴管工具的右下方显示一个小铅笔图标；当滴管工具位于填充上方时，光标显示为 ✒，即在标准滴管工具的右下方显示一个小刷子图标。

当滴管工具位于直线、填充或者画笔描边上方时，按住〈Shift〉键，光标显示为 ✒，在这种模式下，使用滴管工具可以将单击对象的编辑工具的属性改变为被单击对象的属性。利用〈Shift + 单击〉功能键可以取得单击对象的属性并立即改变相应编辑工具的属性，如墨水瓶工具、铅笔工具或文本工具等。滴管工具还允许用户从位图图像中取样用作填充。

用户可以用滴管工具获取被单击直线或者填充的所有属性（包括颜色、渐变、风格和宽度）。但是，如果内容不是正在编辑的组，那么组的属性不能用这种方式获取。

如果被单击对象是直线，滴管工具将自动更换为墨水瓶工具的设置，以便于将所取得的属性应用到别的直线上。与此类似，如果单击的是填充，则滴管工具将自动更换为颜料桶工具的属性，以便于将所取得的填充属性应用到其他的填充上。

当滴管工具用于获取通过位图填充的区域属性时，滴管工具将自动更换为颜料桶工具，且位图图片的缩略图将显示在填充颜色修正的当前色块中。

2.2.9 钢笔工具

要绘制精确的路径，如直线或者平滑流畅的曲线，用户可以使用 ✒（钢笔工具）。首先创建直线段或曲线段，然后调整直线段的角度和长度，以及曲线段的斜率。

当使用 ✒（钢笔工具）绘画时，进行单击可以在直线段上创建点，进行单击并拖动可以在曲线段上创建点。用户可以通过调整线条上的点来调整直线段和曲线段，可以将曲线转换为直线，反之亦可。使用其他 Animate CC 2017 绘画工具时，如 ✏（铅笔工具）、✒（画笔工具）、✒（线条工具）、◯（椭圆工具）或 ▢（矩形工具），可以在线条上创建点，也可以调整这些线条。

用户可以指定钢笔工具指针外观的首选参数，用于在画线段时进行预览，或者查看选定锚点的外观。

1. 设置钢笔工具首选参数

选择工具箱上的 ✒（钢笔工具），执行菜单中的"编辑｜首选参数"命令，然后在弹出的"首选参数"对话框中单击"绘制"选项卡，如图 2-46 所示。

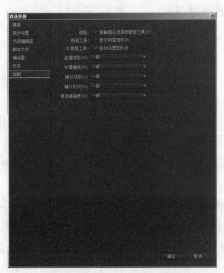

图 2-46　"绘制"选项卡

在"钢笔工具："右侧勾选"显示钢笔预览"复选框，可在绘画时预览线段。单击创建线段的终点之前，在工作区周围移动指针时，Animate CC 2017 会显示线段预览。如果未选中该复选框，则在创建线段终点之前，Animate CC 2017 不会显示该线段。

2．使用钢笔工具绘制直线路径

使用钢笔工具绘制直线路径的方法如下。

1）选择工具箱上的 (钢笔工具)，然后在"属性"面板中选择笔触和填充属性。

2）将指针定位在工作区中直线开始的地方，然后进行单击以定义第一个锚点。

3）在用户所要绘制直线的第一条线段结束的位置再次进行单击。如果按住〈Shift〉键进行单击，则可以将线条限制为倾斜 45° 的倍数。

4）继续单击以创建其他直线段，如图 2-47 所示。

5）要以开放或闭合形状完成此路径，请分别执行以下操作。

● 结束开放路径的绘制。方法：双击最后一个点，然后单击工具栏中的钢笔工具，或按住〈Ctrl〉键（Windows）或〈Command〉键（Macintosh）单击路径外的任何地方。

● 结束封闭路径的绘制。方法：将钢笔工具放置到第一个锚点上。如果定位准确，就会在靠近钢笔尖的地方出现一个小圆圈，单击或拖动即可闭合路径，如图 2-48 所示。

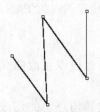

图 2-47　继续单击创建其他直线段

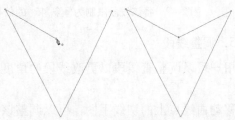

图 2-48　闭合路径

3．使用钢笔工具绘制曲线路径

使用钢笔工具绘制曲线路径的方法如下。

1）选择工具箱上的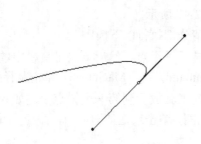（钢笔工具）。

2）将钢笔工具放置在工作区中所要绘制曲线开始的地方，然后单击鼠标，此时会出现第一个锚点，并且钢笔尖变为箭头。

3）向所要绘制曲线段的方向拖动鼠标。如果按住〈Shift〉键拖动鼠标，则可以将该工具限制为绘制 45°的倍数。随着拖动，将会出现曲线的切线手柄。

4）释放鼠标，此时切线手柄的长度和斜率决定了曲线段的形状，用户可以在以后通过移动切线手柄来调整曲线。

5）将指针放在想要结束曲线段的地方并单击鼠标，然后朝相反的方向拖动，并按下〈Shift〉键，此时会将该线段限制为倾斜 45°的倍数，如图 2-49 所示。

6）若要绘制曲线的下一段，可以将指针放置在想要下一线段结束的位置上，然后拖动该曲线即可。

4．调整路径上的锚点

在使用（钢笔工具）绘制曲线时，创建的是曲线点，即连续的弯曲路径上的锚点。在绘制直线段或连接到曲线段的直线时，创建的是转角点，即在直线路径或直线和曲线路径接合处的锚点。

要将线条中的线段由直线段转换为曲线段或者由曲线段转换为直线段，可以将转角点转换为曲线点或者将曲线点转换为转角点。

用户可以移动、添加或删除路径上的锚点，可以使用工具箱上的（部分选取工具）来移动锚点，从而调整直线段的长度、角度或曲线段的斜率，也可以通过轻推选定的锚点来进行微调，如图 2-50 所示。

图 2-49　将该线段限制为倾斜 45°的倍数

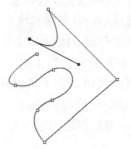

图 2-50　微调锚点的位置

5．调整线段

用户可以调整直线段以更改线段的角度、长度，或者调整曲线段以更改曲线的斜率和方向。

移动曲线点上的切线手柄，可以调整该点两边的曲线。移动转角点上的切线手柄，只能调整该点的切线手柄所在的那一边的曲线。

2.2.10　文本工具

Animate CC 2017 提供了 3 种文本类型。第 1 种文本类型是静态文本，主要用于制作文档中的标题、标签或其他文本内容；第 2 种文本类型是动态文本，主要用于显示根据用户指定条件而变化的文本，例如，可以使用动态文本字段添加存储在其他文本字段中的值（比如两个数字的和）；第 3 种文本类型是输入文本，通过它可以实现用户与 Animate CC 2017 应用程序间的交互，例如，在表单中输入用户的姓名或者其他信息。

选择工具箱上的 █ （文本工具），在"属性"面板中就会显示出如图 2-51 所示的相关属性设置。用户可以选择文本的下列属性：字体、磅值、样式、颜色、间距、字距调整、基线调整、对齐、页边距、缩进和行距等。

1．创建不断加宽的文本块

用户可以定义文本块的大小，也可以使用加宽的文字块以适合所书写的文本。

创建不断加宽的文本块的操作步骤如下。

1）选择工具箱上的 █ （文本工具），然后在文本"属性"面板中设置参数，如图 2-52 所示。

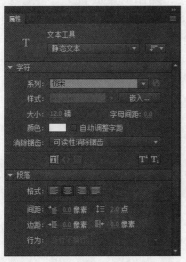 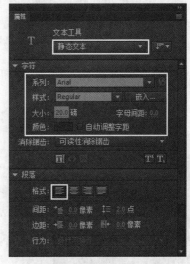

图 2-51　文本的"属性"面板　　　　　图 2-52　设置文本属性

2）确保未在工作区中选定任何时间帧或对象的情况下，在工作区中的空白区域单击，然后输入文字"www.Chinadv.com.cn"，此时，在可加宽的静态文本右上角会出现一个圆形控制块，如图 2-53 所示，用户即可根据需要调整文本宽度。

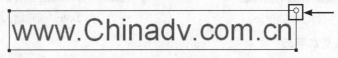

图 2-53　直接输入文本

2．创建宽度固定的文本块

除了能创建一行在输入时不断加宽的文本以外，用户还可以创建宽度固定的文本块。向宽度固定的文本块中输入的文本在块的边缘会自动换到下一行。

创建宽度固定的文本块的操作步骤如下。

1）选择工具箱上的 T（文本工具），然后在文本"属性"面板中设置参数，如图 2-52 所示。

2）在工作区中拖动鼠标来确定固定宽度的文本块区域，然后输入文字"www.chinadv.com.cn"，此时，在宽度固定的静态文本块右上角会出现一个方形的控制块，如图 2-54 所示。

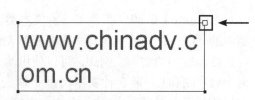

图 2-54　在固定宽度的文本块区域输入文本

提示：可以通过拖动文本块的方形控制块来更改它的宽度。另外，还可通过双击方形控制块将它转换为圆形扩展控制块。

3．创建输入文本字段

使用输入文本字段可以使用户与 Animate CC 2017 应用程序进行交互。例如，使用输入文本字段，可以方便地创建表单。

在后面的章节中，将讲解如何使用输入文本字段将数据从 Animate CC 2017 发送到服务器。下面创建一个可供用户在其中输入名字的文本字段，操作步骤如下。

1）选择工具箱上的 T（文本工具），然后在文本"属性"面板中设置参数，如图 2-55 所示。

提示：激活 （在文本周围显示边框）按钮，可以使用可见边框标明文本字段的边界。

2）在工作区中单击，即可创建输入文本，如图 2-56 所示。

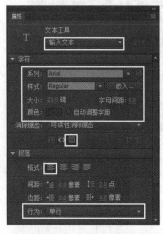

图 2-55　设置文本属性

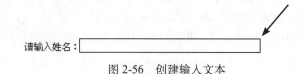

请输入姓名：

图 2-56　创建输入文本

4．创建动态文本字段

在运行时，动态文本可以显示外部来源中的文本。下面创建一个链接到外部文本文件的动态文本字段，假设要使用的外部文本文件的名称是"chinadv.com.cn.txt"，具体创建步骤如下。

1）选择工具箱上的 T（文本工具），然后在文本"属性"面板中设置参数，如图 2-57

所示。

2）在工作区两条水平线之间的区域中拖动，以创建动态文本字段，如图 2-58 所示。

3）在"属性"面板的"实例名称"文本框中，将该动态文本字段命名为"chinadv"，如图 2-59 所示。

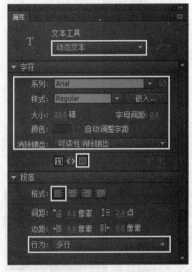

图 2-57　设置文本属性

图 2-58　创建动态文本字段

图 2-59　输入实例名

5．创建分离文本

创建分离文本的操作步骤如下。

1）选择工具箱上的 ▨（选择工具），然后单击工作区中的文本块。

2）执行菜单中的"修改｜分离"（组合键〈Ctrl+B〉）命令，将选定文本中的每个字符放置在一个单独的文本块中，且文本依然在舞台的同一位置上，如图 2-60 所示。

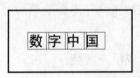

图 2-60　分离文本

3）再次执行菜单中的"修改｜分离"命令，从而将舞台上的字符转换为形状。

提示：分离命令只适用于轮廓字体，如 TrueType 字体。当分离位图字体时，它们会从屏幕上消失。

2.2.11　橡皮擦工具

尽管橡皮擦工具 ▨ 严格来说既不是绘图工具也不是着色工具，但是橡皮擦工具作为绘图和着色工具的主要辅助工具，在整个 Animate CC 2017 绘图中起着不可或缺的作用，所以把它放在图形制作一节中进行讲解。

使用橡皮擦工具可以快速擦除笔触段或填充区域等工作区中的任何内容。用户可以自定义橡皮擦工具，以便于进行只擦除笔触、只擦除数个填充区域或单个填充区域等操作。

选择橡皮擦工具后，在工具箱的下方会出现如图 2-61 所示的参数选项。在橡皮擦形状选项中共有圆和方两种类型，从细到粗共 10 种形状，如图 2-62 所示。

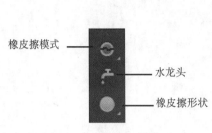

图 2-61　橡皮擦工具选项

图 2-62　橡皮擦形状选项

1．橡皮擦模式

橡皮擦模式控制并限制了橡皮擦工具进行擦除时的行为方式。在橡皮擦模式选项中共有 5 种模式："标准擦除""擦除填色""擦除线条""擦除所选填充"和"内部擦除"，如图 2-63 所示。

图 2-63　橡皮擦模式

- 标准擦除：此模式的橡皮擦工具就像普通的橡皮擦一样，将擦除所经过的所有线条和填充，只要这些线条或者填充位于当前图层中即可。
- 擦除填色：此模式的橡皮擦工具只擦除填充色，而保留线条。
- 擦除线条：与擦除填色模式相反，此模式的橡皮擦工具只擦除线条，而保留填充色。
- 擦除所选填充：此模式的橡皮擦工具只擦除当前选中的填充色，保留未被选中的填充以及所有的线条。
- 内部擦除：只擦除橡皮擦笔触开始处的填充。如果从空白点开始擦除，则不会擦除任何内容。以这种模式使用橡皮擦工具并不影响笔触。

2．水龙头

水龙头的功能主要是删除笔触段或填充区域。

2.2.12　3D 旋转工具和 3D 平移工具

用户使用 3D 旋转工具 和 3D 平移工具 使 2D 对象沿着 X、Y、Z 轴进行三维旋转和移动。通过组合这些 3D 工具，用户可以创建出逼真的三维透视效果。

1．3D 旋转工具

使用 （3D 旋转工具）可以在 3D 空间中旋转影片剪辑元件。当使用 （3D 旋转工具）选择影片剪辑实例对象后，在影片剪辑元件上将出现 3D 旋转空间。其中，红色的线表示绕 X 轴旋转，绿色的线表示绕 Y 轴旋转，蓝色的线表示绕 Z 轴旋转，橙色的线表示同时绕 X 轴和 Y 轴旋转，如图 2-64 所示。如果需要旋转影片剪辑，则只需将鼠标放置到需要旋转的轴线上，然后拖动鼠标即可，此时，随着鼠标的移动，对象也会随之移动。

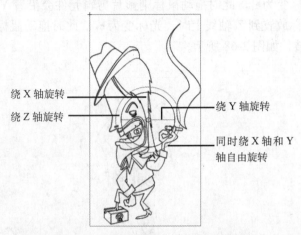

绕 X 轴旋转
绕 Z 轴旋转
绕 Y 轴旋转
同时绕 X 轴和 Y
轴自由旋转

图 2-64 利用 3D 旋转工具选择对象

提示：Animate CC 2017 中的 3D 工具只能对 ActionScript 3.0 下创建的影片剪辑对象进行操作。因此，
　　　在对对象进行 3D 旋转操作前，必须确认当前创建的是 ActionScript 3.0 文件，且要进行 3D 旋转
　　　的对象为影片剪辑元件。

（1）使用 3D 旋转工具旋转对象

在工具箱中选择 （3D 旋转工具）后，工具箱下方的"选项区域"将出现 （贴紧至对象）
和 （全局转换）两个选项按钮。其中， （全局转换）按钮默认为选中状态，表示当前
状态为全局状态，在全局状态下旋转对象是相对于舞台进行旋转。如果取消 （全局转换）
按钮的选中状态，表示当前状态为局部状态，在局部状态下旋转对象是相对于影片剪辑本身
进行旋转。图 2-65 所示为选中 （全局转换）按钮前后的比较。

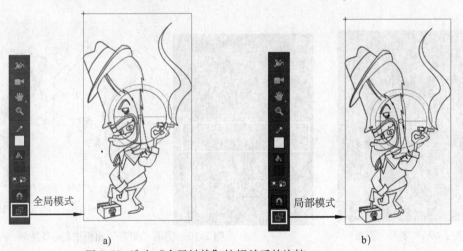

全局模式　　　　　　　　　　　　　　　局部模式
a)　　　　　　　　　　　　　　　　　b)

图 2-65 选中"全局转换"按钮前后的比较
a）选中"全局转换"按钮效果　b）取消选中"全局转换"按钮效果

当使用 （3D 旋转工具）选择影片剪辑元件后，将光标放置到 X 轴线上时，光标变为
，此时拖动鼠标则影片剪辑元件会沿着 X 轴方向进行旋转，如图 2-66 所示；将光标放置

到 Y 轴线上时，光标变为 ➤Y，此时拖动鼠标则影片剪辑元件会沿着 Y 轴方向进行旋转，如图 2-67 所示；将光标放置到 Z 轴线上时，光标变为 ➤z，此时拖动鼠标则影片剪辑元件会沿着 Z 轴方向进行旋转，如图 2-68 所示。

图 2-66　沿着 X 轴方向进行旋转　　图 2-67　沿着 Y 轴方向进行旋转　　图 2-68　沿着 Z 轴方向进行旋转

(2) 使用"变形"面板进行 3D 旋转

在 Animate CC 2017 中，用户可以使用 🔵（3D 旋转工具）对影片剪辑元件进行任意 3D 旋转，但是，如果需要精确地控制影片剪辑元件的 3D 旋转，则需要使用"变形"面板进行控制。当在舞台中选择影片剪辑元件后，在"变形"面板中将出现"3D 旋转"与"3D 中心点"的相关选项，如图 2-69 所示。

● 3D 旋转：在 3D 旋转选项中可以通过设置 X、Y、Z 参数来改变影片剪辑元件各个旋转轴的方向，如图 2-70 所示。

  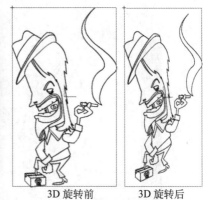

图 2-69　"变形"面板　　　　　　　图 2-70　使用"变形"面板进行 3D 旋转

● 3D 中心点：用于设置影片剪辑元件的 3D 旋转中心点的位置，可以通过设置 X、Y、Z 参数来改变其位置，如图 2-71 所示。

3D 中心点原始位置　　　　　3D 中心点移动后位置

图 2-71　使用"变形"面板移动 3D 中心点

(3) 3D 旋转工具的属性设置

选择 (3D 旋转工具) 后，在其"属性"面板中将出现 (3D 旋转工具) 的相关属性，用于设置影片剪辑的 3D 位置、透视角度和消失点等，如图 2-72 所示。

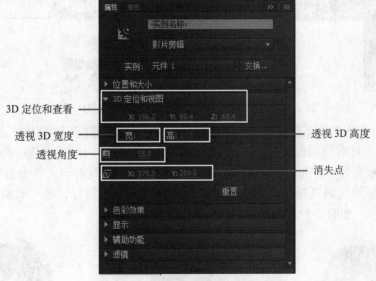

图 2-72　3D 旋转工具的属性设置

● 3D 定位和查看：用于设置影片剪辑元件相对于舞台的 3D 位置，可以通过设置 X、Y、Z 参数来改变影片剪辑实例在 X、Y、Z 轴方向上的坐标值。

● 透视角度：用于设置 3D 影片剪辑元件在舞台中的外观视角，参数范围为 1°～180°，增大或减小透视角度将影响 3D 影片剪辑的外观尺寸及其相对于舞台边缘的位置。增大透视角度可使 3D 对象看起来更近；减小透视角度可使 3D 对象看起来更远。此效果与通过镜头更改视角的照相机镜头缩放类似。

● 透视 3D 宽度：用于显示 3D 对象在 3D 轴上的宽度。
● 透视 3D 高度：用于显示 3D 对象在 3D 轴上的高度。
● 消失点：用于控制舞台上 3D 影片剪辑元件的 Z 轴方向。在 Animate CC 2017 中所有
　3D 影片剪辑元件的 Z 轴都会朝着消失点后退。通过重新定位消失点，可以更改沿 Z
　轴平移对象时对象的移动方向。通过设置消失点选项中的"X："和"Y："位置，
　可以改变 3D 影片剪辑元件在 Z 轴消失的位置。
● 重置：单击"重置"按钮，可以将消失点参数恢复为默认的参数。

2．3D 平移工具

　　(3D 平移工具) 用于将影片剪辑元件在 X、Y、Z 轴方向上进行平移。如果在工具
箱中没有显示 (3D 平移工具)，可以在工具箱中单击 (3D 旋转工具)，从弹出的隐藏
工具面板中选择该工具，如图 2-73 所示。当选择 (3D 平移工具) 后，在舞台中的影片
剪辑元件上单击，对象将出现 3D 平移轴线，如图 2-74 所示。

X 轴方向
Y 轴方向
Z 轴方向

图 2-73　选择"3D 平移工具"　　　　　　　图 2-74　3D 平移轴线

　　当使用 (3D 平移工具) 选择影片剪辑后，将光标放置到 X 轴线上时，光标变为▶x，
如图 2-75 所示，此时拖动鼠标，影片剪辑元件会沿着 X 轴方向进行平移；将光标放置到 Y
轴线上时，光标变为▶y，如图 2-76 所示，此时拖动鼠标，影片剪辑元件会沿着 Y 轴方向进
行平移；将光标放置到 Z 轴线上时，光标变为▶z，此时拖动鼠标，影片剪辑元件会沿着 Z
轴方向进行平移，如图 2-77 所示。

图 2-75　光标变为▶x　　　　　图 2-76　光标变为▶y　　　　　图 2-77　光标变为▶z

当使用  （3D 平移工具）选择影片剪辑元件后，将光标放置到轴线中心的黑色实心点上时，光标变为 ▸，此时拖动鼠标可以改变影片剪辑 3D 中心点的位置，如图 2-78 所示。

图 2-78　改变对象 3D 中心点的位置

2.3　图层和帧的应用

本节介绍图层和帧的应用，包括时间轴的介绍，以及图层操作和帧操作。

2.3.1　时间轴

在 Animate CC 2017 软件中，动画的制作是通过"时间轴"面板进行操作的，在时间轴的左侧为层操作区，右侧为帧操作区，如图 2-79 所示。时间轴是 Animate CC 2017 动画制作的核心部分，可以通过执行菜单中的"窗口|时间轴"（组合键〈Ctrl+Alt+T〉）命令，对其进行隐藏或显示。

图 2-79　"时间轴"面板

2.3.2　图层操作

与 Photoshop 相同，Animate CC 2017 图层也好比一张张透明的纸。首先需要在一张张透明的纸上分别作画，然后再将它们按一定的顺序进行叠加，以便各层操作相互独立，互不影响。

Animate CC 2017 软件的图层位于"时间轴"面板的左侧，其结构如图 2-80 所示。在最顶层的对象将始终显示于舞台的最上方，图层的排列顺序决定了舞台中对象的显示情况。在舞台中每个层的对象可以设置任意数量，如果"时间轴"面板中图层数量过多，可以通过上下拖动右侧的滑动条来观察被隐藏的图层。

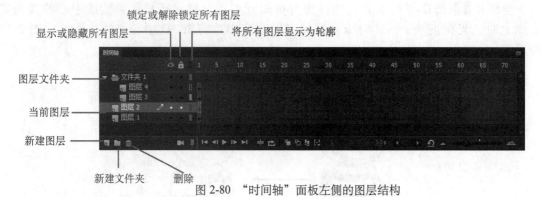

图 2-80 "时间轴"面板左侧的图层结构

1. 创建图层与图层文件夹

默认情况下，新建的空白 Animate CC 2017 文档仅有一个图层，默认名称为"图层 1"。在动画制作过程中，用户可以根据需要自由创建图层，合理、有效地创建图层可以大大提高工作效率。

除了可以自由创建图层外，Animate CC 2017 软件还提供了图层文件夹的功能，它以树形结构排列，可以将多个图层分配到同一个图层文件夹中，也可以将多个图层文件夹分配到同一个图层文件夹中，从而有助于对图层进行管理。对于场景比较复杂的动画而言，合理有效地组织图层与图层文件夹是极为重要的。创建图层和图层文件夹的方法有以下 3 种。

(1) 通过按钮创建

单击"时间轴"面板下方的 ■（新建图层）按钮可以创建新图层，每单击一次便会创建一个普通图层，如图 2-81 所示；单击"时间轴"面板下方的 ■（新建文件夹）按钮可以创建图层文件夹，同样，每单击一次便会创建一个图层文件夹，如图 2-82 所示。

图 2-81　单击"新建图层"按钮新建图层

图 2-82　单击"新建文件夹"按钮新建文件夹

(2) 通过菜单命令创建

执行菜单中的"插入 | 时间轴 | 图层"命令或"插入 | 时间轴 | 图层文件夹"命令，同样可以创建图层和图层文件夹。

(3) 通过"时间轴"面板右键菜单创建

在"时间轴"面板左侧的图层处单击鼠标右键，从弹出的快捷菜单中选择"插入图层"命令或"插入文件夹"命令，同样可以创建图层和图层文件夹。

2. 重命名图层或图层文件夹名称

在"时间轴"面板中新建图层或图层文件夹后，系统会自动依次命名为"图层 1""图层 2"……和"文件夹 1""文件夹 2"……。为了方便管理,用户可以根据需要自行设置名称,但是一次只能重命名一个图层或图层文件夹。重命名图层或图层文件夹名称的方法很简单,首先在"时间轴"面板的某个图层(或图层文件夹)的名称处快速双击,使其进入编辑状态,然后输入新的图层名称或图层文件夹名称,再按〈Enter〉键即可完成重命名操作。

3. 选择图层与图层文件夹

选择图层与图层文件夹是 Animate CC 2017 图层编辑中最基本的操作,如果要对某个图层或图层文件夹进行编辑,必须先选择它。在 Animate CC 2017 软件中选择图层与图层文件夹的操作方法相同,可以只选择一个图层(或图层文件夹),也可以选择多个连续或不连续的图层(或图层文件夹)。选择的图层(或图层文件夹)会以蓝色背景显示。

(1) 选择单个图层或图层文件夹

在"时间轴"面板左侧的图层(或图层文件夹)名称处单击,即可将该图层(或图层文件夹)直接选中,如图 2-83 所示。

(2) 选择多个连续的图层或图层文件夹

在"时间轴"面板中选择第一个图层(或图层文件夹),然后在按住〈Shift〉键的同时选择最后一个图层(或图层文件夹),即可将第一个与最后一个图层(或图层文件夹)中的所有图层(或图层文件夹)全部选中,如图 2-84 所示。

(3) 选择多个不连续的图层或图层文件夹

在"时间轴"面板中,按住〈Ctrl〉键的同时单击图层(或图层文件夹)名称,可以进行间隔选择不连续的图层(或图层文件夹),如图 2-85 所示。

图 2-83 选择单个图层　　　图 2-84 选择多个连续的图层　　　图 2-85 选择多个不连续的图层

4. 调整图层与图层文件夹顺序

在"时间轴"面板中创建图层或图层文件夹时,会按自下向上的顺序进行添加。当然,在动画制作的过程中,用户可以根据需要通过拖动的方法更改图层(或图层文件夹)的排列顺序,并且可以将图层与图层文件夹放置到同一个图层文件夹中。

5. 显示或隐藏图层与图层文件夹

默认情况下,创建的图层与图层文件夹处于显示状态。但是在制作复杂动画时,有时为了便于观察,可以将某个或者某些图层(或图层文件夹)进行隐藏,而且在进行 swf 动画文件的发布设置中,还可以选择是否包括隐藏图层。

(1) 显示或隐藏全部图层

在"时间轴"面板中,单击上方的 ⊙(显示或隐藏所有图层)图标,如图 2-86 所示,可以将所有图层(或图层文件夹)全部显示或隐藏。如果所有的图层(或图层文件夹)右侧的黑点 · 图标显示为叉子 ✕ 图标,如图 2-87 所示,表示隐藏所有图层(或图层文件夹);再次单击显示或隐藏所有图层图标，叉子✖图标显示为黑点·图标，表示显示所有图层（或图层文件夹）。

（2）显示或隐藏单个图层

在"时间轴"面板中，如果要对某个图层（或图层文件夹）进行隐藏或显示，可以单击需要隐藏或显示的图层（或图层文件夹）名称右侧👁图标下方的黑点·图标，此时黑点·图标显示为红叉✖图标，如图2-88所示，表示隐藏该图层（或图层文件夹）；再次单击，红叉✖图标显示为黑点·图标，表示显示该图层（或图层文件夹）。

> 提示：在进行图层（或图层文件夹）的显示与隐藏操作时，除了可以使用上面的方法外，还可以在"时间轴"面板中按住〈Alt〉键的同时单击图层（或图层文件夹）👁（显示或隐藏所有图层）图标下方的黑点·图标，此时可将所选图层以外的其他图层和图层文件夹进行隐藏。再次按住〈Alt〉键单击该图层，又可将它们进行显示。

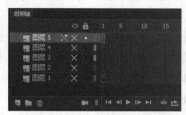
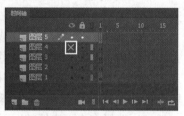

| 图 2-86　单击"显示或隐藏所有图层"图标 | 图 2-87　隐藏所有图层 | 图 2-88　隐藏单个图层 |

6．锁定与解除锁定图层与图层文件夹

默认情况下，创建的图层与图层文件夹处于解除锁定状态，如果工作区域中的对象很多，用户在编辑其中的某个对象时就可能出现影响到其他对象的误操作，针对这一情况可以将不需要的图层与图层文件夹暂时锁定，图层与图层文件夹的锁定和解除锁定操作相同。

（1）锁定或解除锁定所有图层

在"时间轴"面板中，单击图层上方的🔒（锁定或解除锁定所有图层）图标，如图2-89所示，此时该图标下方的黑点·图标显示为🔒图标，如图2-90所示，表示全部图层都被锁定。再次单击🔒图标，则所有图层全部被解除锁定。

（2）锁定或解锁单个图层

如果需要锁定单个图层，可以在锁定的图层名称右侧🔒（锁定或解除锁定所有图层）图标下方的黑色·图标处单击，当黑点·图标显示为🔒图标时，表示该层被锁定，如图2-91所示。如果要将该图层解除锁定，可以再次单击该图层的🔒图标，将其显示为·图标。

| 图 2-89　单击"锁定或解除锁定所有图层"图标 | 图 2-90　锁定所有图层 | 图 2-91　锁定单个图层 |

7. 图层与图层文件夹对象的轮廓显示

在"时间轴"面板中，如果要对图层或图层文件夹进行操作，除了可以显示与隐藏、锁定与解除锁定外，还可以将系统默认创建的以实体状态显示的动画对象根据其轮廓的颜色进行显示，如图 2-92 所示。

a)   b)

图 2-92 对象的实体显示与轮廓显示

a）显示实体对象 b）显示对象轮廓

（1）将全部图层显示为轮廓

在"时间轴"面板中，单击上方的█（将所有图层显示为轮廓）图标，如图 2-93 所示，可以将所有图层与图层文件夹的对象显示为轮廓，如图 2-94 所示。

（2）单个图层对象轮廓显示

在"时间轴"面板中，如果需要将单个图层显示为轮廓，可以单击该图层右侧的█（将所有图层显示为轮廓）图标，当其显示为█图标时，表示当前图层的对象以轮廓显示，如图 2-95 所示。

图 2-93 单击"将所有图层显示   图 2-94 轮廓显示所有图层   图 2-95 轮廓显示单个图层
         为轮廓"图标

8. 删除图层与图层文件夹

在使用 Animate CC 2017 软件制作动画时难免会创建出一些多余的图层，此时，可以通过单击"时间轴"面板下方的█（删除）按钮对其进行删除。

9. 图层属性的设置

除了可以使用前面介绍的方法进行图层的隐藏或显示、锁定或解除锁定，以及是否以轮廓显示等属性设置外，在 Animate CC 2017 中还可以通过"图层属性"对话框对图层属性进

行综合设置。执行菜单中的"修改 | 时间轴 | 图层属性"命令，或在"时间轴"面板的某个图层处单击鼠标右键，从弹出的快捷菜单中选择"属性"命令，都会弹出如图 2-96 所示的"图层属性"对话框。

- 名称：用于图层的重命名，可通过在右侧的文本框中输入文字进行设置。其中，"锁定"用于设置锁定或解除锁定图层，勾选为锁定状态，不勾选为解除锁定状态。
- 可见性：用于设置图层的显示状态，有"可见""透明""不可见"3 个选项可供选择。
- 类型：用于设置图层的种类，有"一般""遮罩层""被遮罩""文件夹"和"引导层"5 个选项可供选择。

图 2-96 "图层属性"对话框

- 轮廓颜色：用于设置当前图层中对象的轮廓线颜色以及是否以轮廓显示，从而帮助用户快速区分对象所在的图层。单击右侧的■按钮，将弹出一个颜色设置调色板，在其中可以直接选取一种颜色作为绘制轮廓的颜色。勾选下方的"将图层视为轮廓"复选框，可以将当前图层中的内容以轮廓显示。
- 图层高度：用于设置图层的高度，在弹出的下拉列表中有 100%、200% 和 300% 共 3 个选项可供选择。

2.3.3 帧操作

实际上，制作一个 Animate CC 2017 动画的过程其实也就是对每一帧进行操作的过程。用户通过在"时间轴"面板右侧的帧操作区中进行各项帧操作，可以制作出丰富多彩的动画效果，其中，每一帧代表一个画面。

1. 创建帧、关键帧与空白关键帧

在 Animate CC 2017 中，帧的类型主要有普通帧、关键帧和空白关键帧 3 种。在默认情况下，新建 Animate CC 2017 文档包含一个图层和一个空白关键帧。用户可以根据需要，在"时间轴"面板中创建任意多个普通帧、关键帧与空白关键帧。图 2-97 为普通帧、关键帧与空白关键帧在时间轴中的显示状态。

图 2-97 普通帧、关键帧与空白关键帧在时间轴中的显示状态

(1) 创建普通帧

普通帧用于延续上一个关键帧或者空白关键帧的内容，并且前一关键帧与该帧之间的

内容完全相同，改变其中的任意一帧，其后的各帧也会发生改变，直到下一个关键帧为止。在 Animate CC 2017 中创建普通帧有以下两种方法。

- 执行菜单中的"插入|时间轴|帧"命令，或按快捷键〈F5〉，即可插入一个普通帧。
- 在"时间轴"面板中需要插入普通帧的地方单击鼠标右键，从弹出的快捷菜单中选择"插入帧"命令，同样可以插入一个普通帧。

(2) 创建关键帧

关键帧是指与前一帧有更改变换的帧。Animate CC 2017 可以在关键帧之间创建补间或填充帧，从而生成流畅的动画。创建关键帧的方法有以下两种。

- 执行菜单中的"插入|时间轴|关键帧"命令，或按快捷键〈F6〉，即可插入一个关键帧。
- 在"时间轴"面板中需要插入关键帧的地方单击鼠标右键，从弹出的快捷菜单中选择"插入关键帧"命令，同样可以插入一个关键帧。

(3) 创建空白关键帧

空白关键帧是一种特殊的关键帧类型，在空白关键帧状态下，舞台中没有任何对象存在，当用户在舞台中自行加入对象后，该帧将自动转换为关键帧。反之，将关键帧中的对象全部删除，则该帧又会转换为空白关键帧。

2．选择帧

选择帧是对帧进行各种操作的前提，选择相应帧的同时也就选择了该帧在舞台中的对象。在 Animate CC 2017 动画制作过程中，用户可以选择同一图层中的单帧或多帧，也可以选择不同图层的单帧或多帧，选中的帧会以蓝色背景进行显示。选择帧有以下 5 种方法。

(1) 选择同一图层的单帧

在"时间轴"面板右侧的时间线上单击，即可选中单帧，如图 2-98 所示。

(2) 选择同一图层相邻的多帧

在"时间轴"面板右侧的时间线上单击，选择单帧，然后在按住〈Shift〉键的同时，再次单击，即可将两次单击的帧以及它们之间的帧全部选中，如图 2-99 所示。

图 2-98　选择同一图层的单帧

图 2-99　选择同一图层相邻的多帧

(3) 选择相邻图层的单帧

单击选择"时间轴"面板上的单帧后，在按住〈Shift〉键的同时单击不同图层的相同单帧，即可将相邻图层的同一帧进行选择，如图 2-100 所示。此外，在选择单帧的同时向上或向下拖动，同样可以选择相邻图层的单帧。

(4) 选择相邻图层的多个相邻帧

单击选择"时间轴"面板上的单帧后，在按住〈Shift〉键的同时单击相邻图层的不同帧，即可选择不同图层的多帧，如图 2-101 所示。此外，在选择多帧的同时向上或向下拖动鼠标，同样可以选择相邻图层的多帧。

图 2-100　选择多个相邻图层的单帧

图 2-101　选择多个相邻图层的相邻多帧

（5）选择不相邻的多帧

在"时间轴"面板右侧的时间线上单击，选择单帧，然后在按住〈Ctrl〉键的同时再次单击其他帧，即可选择不相邻的帧，如图 2-102 所示。

图 2-102　选择多个图层不相邻的单帧

3．剪切帧、复制帧和粘贴帧

在 Animate CC 2017 中不仅可以剪切、复制和粘贴舞台中的动画对象，还可以剪切、复制、粘贴图层中的动画帧，这样就可以将一个动画复制到多个图层中，或者复制到不同的文档中，从而使动画制作更加轻松快捷，大大提高了工作效率。

（1）剪切帧

剪切帧是将选择的各动画帧剪切到剪贴板中，以作备用。在 Animate CC 2017 中，剪切帧的方法主要有以下两种。

● 选择各帧，然后执行菜单中的"编辑|时间轴|剪切帧"命令，或者按组合键〈Ctrl+Alt+X〉，即可剪切选择的帧。

● 选择各帧，然后在"时间轴"面板中单击鼠标右键，从弹出的快捷菜单中选择"剪切帧"命令，同样可以将选择的帧进行剪切。

（2）复制帧

复制帧是将选择的各帧复制到剪贴板中，以作备用。与剪切帧的不同之处在于原来的帧内容依然存在。在 Animate CC 2017 中，复制帧的常用方法有以下三种。

● 选择各帧，然后执行菜单中的"编辑|时间轴|复制帧"命令，或者按组合键〈Ctrl+Alt+C〉，即可复制选择的帧。

● 选择各帧，然后在"时间轴"面板中单击鼠标右键，从弹出的快捷菜单中选择"复制帧"命令，同样可以复制选择的帧。

- 选择需要复制的帧，此时光标显示为 图标，然后按住〈Alt〉键的同时进行拖动，当拖动到合适的位置处释放鼠标，即可将选择的帧复制到该处。

（3）粘贴帧

粘贴帧就是将剪切或复制的各帧进行粘贴操作。粘贴帧的方法有以下两种。

- 将鼠标放置在"时间轴"面板需要粘贴的帧处，然后执行菜单中的"编辑|时间轴|粘贴帧"命令，或者按组合键〈Ctrl+Alt+V〉，即可将剪切或复制的帧粘贴到该处。
- 将鼠标放置在"时间轴"面板需要粘贴的帧处，然后单击鼠标右键，从弹出的快捷菜单中选择"粘贴帧"命令，同样可以将剪切或复制的帧粘贴到该处。

4．移动帧

用户在制作 Animate CC 2017 动画的过程中，除了可以利用前面介绍的剪切帧、复制帧和粘贴帧的方法调整动画帧的位置外，还可以按住鼠标直接进行动画帧的移动操作。具体操作方法：选择需要移动的帧，此时光标显示为 图标，然后按住鼠标左键将它们拖动到合适的位置，再释放鼠标完成所选帧的移动操作。图 2-103 为移动帧的过程。

 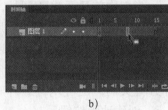 

a)　　　　　　　　　　b)　　　　　　　　　　c)

图 2-103　移动帧的过程

a）选择的各帧　b）拖动时的显示　c）移动后的各帧

5．删除帧

在制作 Animate CC 2017 动画的过程中，如果有错误或多余的动画帧，需要将其删除。删除帧的方法有以下两种。

- 选择需要删除的各帧，然后单击鼠标右键，从弹出的快捷菜单中选择"删除帧"命令，即可将选择的帧全部删除。
- 选择需要删除的各帧，然后按组合键〈Shift+F5〉，同样可以将选择的各帧进行删除。

6．翻转帧

Animate CC 2017 中的翻转帧就是将选择的一段连续帧的序列进行头尾翻转，也就是说，将第一帧转换为最后一帧，最后一帧转换为第一帧，第二帧与倒数第二帧进行交换，其余各帧依次类推，直到全部交换完毕为止。该命令仅对连续的各帧有作用，如果是单帧则不起作用。翻转帧的方法有以下两种。

- 选择各帧，然后执行菜单中的"修改|时间轴|翻转帧"命令，可以将选择的帧进行头尾翻转。
- 选择各帧，然后在"时间轴"面板中单击鼠标右键，从弹出的快捷菜单中选择"翻转帧"命令，同样可以翻转选择的帧。

2.4 元件和库

元件是一种可重复使用的对象,重复使用它不会增加文件的大小。当编辑元件时,该元件的所有实例都会相应地更新以反映编辑效果。库也就是"库"面板,它是 Animate CC 2017 软件中用于存放各种动画元素的场所,所存放的元素可以是由外部导入的图像、声音、视频元素,也可以是使用 Animate CC 2017 软件根据动画需要创建出的不同类型的元件。

2.4.1 元件的类型

元件是构成 Animate CC 2017 动画的基础,用户可以根据动画的具体应用直接创建元件的不同类型。在 Animate CC 2017 中,元件分为影片剪辑、按钮和图形 3 种,如图 2-104 所示。

图 2-104 元件的类型

1. 影片剪辑

影片剪辑元件在"库"面板元件名称前显示出图标,如图 2-105 所示。使用影片剪辑元件可以创建可重用的动画片段。影片剪辑拥有自己独立于主时间轴的多帧时间轴,可以将影片剪辑看作是主时间轴内的嵌套时间轴,它们可以包含交互式控件、声音甚至其他影片剪辑实例,也可以将影片剪辑元件放在按钮元件的时间轴内,以创建动画按钮。

图 2-105 影片剪辑元件在"库"面板中所显示的图标

2. 图形

图形元件在"库"面板元件名称前显示出图标,它可用于创建静态图像,也可用于创建连接到主时间轴的可重用动画片段。图形元件与主时间轴同步运行。交互式控件和声音在图形元件的动画序列中不起作用。

3. 按钮

按钮元件在"库"面板元件名称前显示出图标,用于创建交互式按钮。按钮有不同的状态,每种状态都可以通过图形、元件和声音来定义。一旦创建了按钮,就可以对其影片或者影片片断中的实例赋予动作。

2.4.2 创建元件

用户可以通过工作区中选定的对象创建元件;也可以创建一个空元件,然后在元件编辑模式下制作或导入相应的内容;还可以在 Animate CC 2017 中创建字体元件。元件可以拥有在 Animate CC 2017 中创建的所有功能,包括动画。

通过使用包含动画的元件,用户可以在很小的文件中创建包含大量动作的 Animate CC 2017 应用程序。如果有重复或循环的动作,例如,像鸟的翅膀上下翻飞,应该考虑在元件中创建动画。

1．将选定元素转换为元件

将选定元素转换为元件的操作步骤如下。

1）在工作区中选择一个或多个元素，然后执行菜单中的"修改｜转换为元件"（快捷键〈F8〉）命令；或者右键单击选中的元素，从弹出的快捷菜单中选择"转换为元件"命令。

2）在"转换为元件"对话框中输入元件名称，并选择"影片剪辑""按钮"或"图形"类型，然后在注册网格中单击，确定放置元件的注册点，如图 2-106 所示。设置完毕后单击"确定"按钮，即可将元素转换为元件。

图 2-106　"转换为元件"对话框

提示：此时，工作区中选定的元素将变成一个元件。如果要对其进行再次编辑，可以双击该元件进入编辑状态。

2．创建一个新的空元件

创建一个新的空元件的操作步骤如下。

1）首先确认未在舞台上选定任何内容，然后执行菜单中的"插入｜新建元件"命令；或者单击"库"面板左下角的 ■（新建元件）按钮；或者从"库"面板右上角的库选项菜单中选择"新建元件"命令。

2）在"创建新元件"对话框中输入元件名称，并选择元件类型，然后单击"确定"按钮。

提示：此时，Animate CC 2017 会将该元件添加到"库"面板中，并切换到元件编辑模式。在元件编辑模式下，元件的名称将出现在舞台的左上角，并由一个十字线表明该元件的注册点。

3．创建"影片剪辑"元件

影片剪辑是位于影片中的小影片，用户可以在影片剪辑片段中增加动画、动作、声音等其他元件或其他的影片片断。影片剪辑有自己的时间轴，其运行独立于主时间轴。与图形元件不同，影片剪辑只需要在主时间轴中放置单一的关键帧就可以启动播放。

创建影片剪辑元件的操作步骤如下。

1）执行菜单中的"插入｜新建元件"（组合键〈Ctrl+F8〉）命令，在弹出的"创建新元件"对话框中输入名称，然后选择"影片剪辑"选项。

2）单击"确定"按钮，即可进入影片剪辑的编辑模式。

4．创建"图形"元件

图形元件是一种最简单的 Animate CC 2017 元件，使用这种元件可以处理静态图片和动画。注意，图形元件中的动画是受主时间轴控制的，并且动作和声音在图形元件中不能正常工作。

（1）将所选对象转换为图形元件

将所选对象转换为图形元件的操作步骤如下。

1）选中希望包含到元件中的一个或多个对象。

2）执行菜单中的"修改 | 转换为元件"（快捷键〈F8〉）命令，在弹出的"转换为元件"对话框中输入元件名称，然后选择"图形"选项，如图 2-107 所示，接着单击"确定"按钮。

（2）创建新图形元件

创建新图形元件的操作步骤如下。

1）执行菜单中的"插入 | 新建元件"（组合键〈Ctrl+F8〉）命令。

2）在弹出的"创建新元件"对话框中输入名称，然后选择"图形"选项。

3）单击"确定"按钮，即可进入图形元件的编辑模式。

5. 创建"按钮"元件

按钮实际上是具有 4 帧的交互影片剪辑。当为元件选择按钮行为时，Animate CC 2017 会创建一个 4 帧的时间轴。其中，前 3 帧显示按钮的 3 种状态，第 4 帧定义按钮的活动区域。此时的时间轴实际上并不播放，它只是对指针运动和动作做出反应，跳到相应的帧。

创建按钮元件的操作步骤如下。

1）执行菜单中的"插入 | 新建元件"（组合键〈Ctrl+F8〉）命令，在弹出的"创建新元件"对话框中输入 button，并选择"按钮"类型，然后单击"确定"按钮，进入按钮元件的编辑模式。

2）在按钮元件中有 4 个已命名的帧："弹起""指针 …""按下"和"点击"，分别代表了鼠标的 4 种不同状态，如图 2-108 所示。

图 2-107　转换为图形元件

图 2-108　创建按钮元件

- 弹起：在弹起帧中可以绘制图形，也可以使用图形元件，导入矢量图或位图。
- 指针近些 … ：全称为"指针经过帧"，将在鼠标位于按钮之上时显示。在这一帧中可以使用图形元件、位图或者影片剪辑。
- 按下：这一帧将在按钮被按下时显示。如果不希望按钮在被单击时发生变化，在这里只插入普通帧就可以了。
- 点击：这一帧定义了按钮的有效点击区域。如果在按钮上只是使用文本，这一帧尤其重要。因为如果没有点击状态，那么有效的点击区域就只能是文本本身，这将导致很难点中按钮。因此，需要在这一帧中绘制一个形状来定义点击区域。由于这个状态永远都不会被用户实际看到，因此其形状如何并不重要。

2.4.3　编辑元件

用户在编辑元件时，Animate CC 2017 会更新文档中该元件的所有实例。Animate CC

2017 提供了以下 3 种方式来编辑元件。

第 1 种：右键单击要编辑的对象，从弹出的快捷菜单中选择"在当前位置编辑"命令，即可在该元件和其他对象在一起的工作区中进行编辑。此时，其他对象以灰显方式出现，从而与正在编辑的元件区别开来。正在编辑的元件的名称显示在工作区上方的编辑栏内，且位于当前场景名称的右侧。

第 2 种：右键单击要编辑的对象，从弹出的快捷菜单中选择"在新窗口中编辑"命令，即可在一个单独的窗口中编辑元件。此时，在单独的窗口中编辑元件可以同时看到该元件和主时间轴。正在编辑元件的名称会显示在工作区上方的编辑栏内。

第 3 种：双击工作区中的元件，进入元件编辑模式，此时，正在编辑的元件的名称会显示在工作区上方的编辑栏内，且位于当前场景名称的右侧。

当用户编辑元件时，Animate CC 2017 将更新文档中该元件的所有实例，以反映编辑结果。编辑元件时，可以使用任意绘画工具、导入介质或创建其他元件的实例。

1．在当前位置编辑元件

在当前位置编辑元件的操作步骤如下。

1）执行以下操作之一。

● 在工作区中双击该元件的一个实例。

提示：在一个元件中可以包含多个实例。

● 右键单击工作区中该元件的一个实例，从弹出的快捷菜单中选择"在当前位置编辑"命令。
● 在工作区中选择该元件的一个实例，执行菜单中的"编辑｜在当前位置编辑"命令。
2）根据需要编辑该元件。
3）如果要更改注册点，可拖动工作区中的元件。此时，十字准线指示注册点的位置。
4）要退出"在当前位置编辑"模式并返回到场景编辑模式，可执行以下操作之一。
● 单击工作区上方编辑栏左侧的 场景1 按钮。
● 执行菜单中的"编辑｜编辑文档"命令。

2．在新窗口中编辑元件

在新窗口中编辑元件的操作步骤如下。

1）右键单击工作区中该元件的一个实例，然后从弹出的快捷菜单中选择"在新窗口中编辑"命令。
2）根据需要编辑该元件。
3）如果要更改注册点，可拖动工作区中的元件。此时，十字准线指示注册点的位置。
4）单击右上角的 按钮关闭新窗口，然后在主文档窗口内单击以返回编辑主文档。

3．在元件编辑模式下编辑元件

在元件编辑模式下编辑元件的操作步骤如下。

1）执行以下操作之一来选择元件。

● 双击"库"面板中的元件图标。

● 右键单击工作区中该元件的一个实例，从弹出的快捷菜单中选择"编辑"命令。

● 在工作区中选中该元件的一个实例，然后执行菜单中的"编辑｜编辑元件"命令。

● 在"库"面板中选择该元件，然后从"库"面板选项菜单中选择"编辑"命令，或者右键单击"库"面板中的该元件，然后从弹出的快捷菜单中选择"编辑"命令。

2）根据需要编辑该元件。

3）如果要更改注册点，可拖动工作区中的元件。此时，十字准线指示注册点的位置。

4）要退出元件编辑模式并返回到文档编辑状态，可执行以下操作之一。

● 单击工作区上方编辑栏左侧的"返回"按钮。

● 执行菜单中的"编辑｜编辑文档"命令。

4．将元件添加到工作区中

将元件添加到工作区中的方法如下。

1）执行菜单中的"窗口｜库"（组合键〈Ctrl+L〉）命令，调出"库"面板。

2）在"库"面板中选择要添加到影片中的元件，然后将元件拖动到工作区中即可。

5．元件属性

每个元件实例都有独立于该元件的属性。用户可以更改元件的色调、透明度和亮度，可以重新定义元件的行为（例如，把图形更改为影片剪辑），可以设置动画在图形实例内的播放形式，还可以倾斜、旋转或缩放元件。

此外，用户可以给影片剪辑或按钮实例命名，这样就可以使用动作脚本更改它的属性了。

如果编辑元件或将某个元件重新链接到其他元件，则任何已经改变的元件属性仍然适用于该元件。

6．更改元件的颜色和透明度

每个元件实例都可以有自己的色彩效果。用户可以使用"属性"面板来设置元件的颜色和透明度选项。

> 提示：如果对包含多帧的影片剪辑元件应用色彩效果，Animate CC 2017 会将效果应用于该影片剪辑元件的每一帧。

更改元件颜色和透明度的方法如下。

1）在工作区中选择该元件，然后执行菜单中的"窗口｜属性"命令。

2）在"属性"面板的"色彩效果"下的"样式"下拉列表框中选择以下选项之一。

● 亮度：用于调节图像的相对亮度或暗度，调整范围为从黑（-100%）到白（100%）。在调节时，可以拖动滑块或在文本框中输入一个值，如图2-109所示。

● 色调：用相同的色相为元件着色。可使用"属性"面板中的色调滑块设置色调百分比，调整范围为从透明（0%）到完全饱和（100%）。或者选择颜色，可以在相应文本框中输入红、绿和蓝色的值，或单击颜色框，然后从弹出的调色板中选择一种颜色，如图2-110所示。

图 2-109　调节"亮度"

图 2-110　调节"色调"

● Alpha：用来调节元件的透明度，调整范围为从透明（0%）到完全饱和（100%）。在调节时，可以拖动滑块或在文本框中输入一个值，如图 2-111 所示。

● 高级：用来分别调节元件的红、绿、蓝和透明度的值。在对位图这样的对象创建和制作具有微妙色彩效果的动画时，该选项非常有用。其中，左侧的控件使用户可以按指定的百分比降低颜色或透明度的值；右侧的控件使用户可以按常数值降低或增大颜色或透明度的值，如图 2-112 所示。将当前的红、绿、蓝和 Alpha 值都乘以百分比值，然后加上右列中的常数值，会产生新的颜色值。例如，如果当前红色值是 100，此时把左侧的滑块移动到 50% 并把右侧常数设置为 100，就会产生一个新的红色值 150（[100×50%] + 100 = 150）。

图 2-111　调节"Alpha"值

图 2-112　调节"高级"

7．将一个元件与另一个元件交换

用户可以给实例指定不同的元件，从而在工作区中显示不同的实例，并保留所有的原始元件属性（如色彩效果或按钮动作）。

例如，假定用户正在使用 rat 元件创建一个卡通形象作为影片中的角色，但决定将该角色改为 cat。此时，用户可以用 cat 元件替换 rat 元件，并让更新的角色出现在所有帧中大致相同的位置上。

交换元件的操作步骤如下。

1）在工作区中选择该元件，然后单击鼠标右键，从弹出的快捷菜单中选择"交换元件"命令。

2）在弹出的"交换元件"对话框中选择一个元件，然后单击"交换"按钮，该元件即可替换当前元件。如果要复制选定的元件，可单击对话框底部的 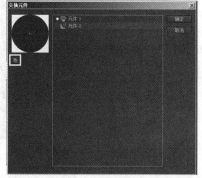（直接复制元件）按钮，如图 2-113 所示。

> 提示：在制作具有细微差别的元件时，通过复制可以在"库"面板中现有元件的基础上建立新元件，并将创建工作减到最少。

3）设置完成后单击"确定"按钮。

图 2-113 单击"直接复制元件"按钮

8．更改元件的类型

用户可以改变元件的类型来重新定义其在 Animate CC 2017 应用程序中的行为。例如，如果一个图形元件包含想要独立于主时间轴播放的动画，可以将该图形元件重新定义为影片剪辑元件。

更改元件类型的操作步骤如下。

1）在工作区中选择该元件，然后执行菜单中的"窗口 | 属性"命令，调出"属性"面板。

2）从"属性"面板左上方的弹出菜单中选择相应的元件类型，如图 2-114 所示。

图 2-114 选择相应的元件类型

2.4.4 库

执行菜单中的"窗口 | 库"（组合键〈Ctrl+L〉）命令，调出"库"面板，如图 2-115 所示。

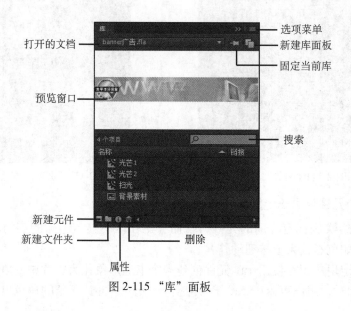

图 2-115 "库"面板

- 选项菜单：单击该处，可以弹出一个用于各项操作的选项菜单。
- 打开的文档：单击该处，可以显示当前打开的所有文档，通过选择可以快速查看选择文档的"库"面板，从而通过一个"库"面板查看多个库的项目。
- 固定当前库：单击该按钮后，原来的 图标显示为 图标，从而固定当前"库"面板。这样，在文件切换时都会显示固定的库内容，而不会更改为切换文件的"库"面板内容。
- 新建库面板：单击该按钮，可以创建一个与当前文档相同的"库"面板。
- 预览窗口：用于预览显示当前在"库"面板中所选的元素，当为影片剪辑元件或声音时，在右上角处会出现 ▸ 按钮，通过它可以在该窗口中控制影片剪辑元件或声音的播放与停止。
- 搜索：通过在此处输入要搜索的关键字可进行元件名称的搜索，从而快速查找元件。
- 新建元件：单击该按钮，会弹出如图 2-116 所示的"创建新元件"对话框，通过它可以新建元件。
- 新建文件夹：单击该按钮，可以创建新的文件夹，默认以"未命名文件夹 1""未命名文件夹 2"……命名。
- 属性：单击该按钮，可以在弹出的"元件属性"对话框中设置元件属性，如图 2-117 所示。

图 2-116　"创建新元件"对话框

图 2-117　"元件属性"对话框

- 删除：单击该按钮，可以将选择的元件删除。

2.5　基本动画制作

前面的学习是制作 Animate CC 2017 动画前的准备，本节将进入 Animate CC 2017 动画的具体制作阶段。Animate CC 2017 基本动画分为逐帧动画、传统补间动画、补间形状动画、补间动画和动画预设 5 种类型。

2.5.1　逐帧动画

逐帧动画是动画中最基本的类型，它与传统的动画制作方法类似，制作原理是在连续的关键帧中分解动画，即使每一帧中的内容不同，然后连续播放形成动画。

在制作逐帧动画的过程中，需要手动制作每一个关键帧中的内容，因此工作量极大，动画文件也较大，并且要求用户有比较强的逻辑思维和一定的绘图功底。逐帧动画适合表现一些细腻的动画，例如 3D 效果、面部表情、走路和转身等。

1. 利用外部导入方式创建逐帧动画

外部导入方式是逐帧动画最为常用的方法。用户可以将在其他应用程序中创建的动画

文件或者图形图像序列导入 Animate CC 2017 软件中。具体导入方法：执行菜单中的"文件 | 导入 | 导入到舞台"命令，在弹出的"导入"对话框中选择"素材及结果 \2.5.1 创建逐帧动画 \1.gif"文件，如图 2-118 所示，单击"打开"按钮，然后在弹出的如图 2-119 所示的提示对话框中单击"是"按钮，即可将序列中的全部图片导入舞台。此时，每一张图片会自动生成一个关键帧，并存放在"库"面板中，如图 2-120 所示。

图 2-118　选择"1.gif"文件

图 2-119　单击"是"按钮

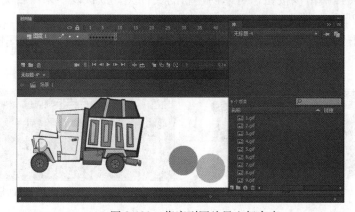

图 2-120　将序列图片导入舞台中

2．在 Animate CC 2017 中制作逐帧动画

除了前面使用外部导入的方式创建逐帧动画外，还可以在 Animate CC 2017 软件中制作每一个关键帧中的内容，从而创建逐帧动画。图 2-121 为利用逐帧绘制方法制作出的人物走路的画面分解图。

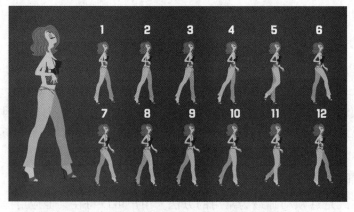

图 2-121　逐帧绘制人物走路的画面分解图

2.5.2　传统补间动画

传统补间动画是 Animate CC 2017 中较为常见的基本动画类型，使用它可以制作出对象的位移、变形、旋转、透明度、滤镜及色彩变化等动画效果。

与前面介绍的逐帧动画不同，使用传统补间创建动画时，只要将两个关键帧中的对象制作出来即可。在两个关键帧之间的过渡帧由 Animate CC 2017 自动创建，并且只有关键帧是可以进行编辑的，而各过渡帧虽然可以查看，但是不能直接进行编辑。除此之外，在制作时，还需要满足以下条件。

● 在一个动画补间动作中至少要有两个关键帧。

● 两个关键帧中的对象必须是同一个对象。

● 两个关键帧中的对象必须有一些变化，否则制作的动画将没有动作变化的效果。

1．创建传统补间动画

传统补间动画的创建方法有以下两种。

(1) 通过右键菜单创建传统补间动画

首先在"时间轴"面板中选择同一图层的两个关键帧之间的任意一帧，然后单击鼠标右键，从弹出的快捷菜单中选择"创建传统补间"命令，如图 2-122 所示，这样就在两个关键帧之间创建出了传统补间动画，所创建的传统补间动画会以浅蓝色背景显示，并且在关键帧之间有一个箭头，如图 2-123 所示。

通过右键菜单除了可以创建传统补间动画外，还可以取消已经创建好的传统补间动画。具体方法：选择已经创建的传统补间动画的两个关键帧之间的任意一帧，然后单击鼠标右键，从弹出的快捷菜单中选择"删除补间"命令，如图 2-124 所示，即可取消补间动作。

图 2-122　选择"创建传统补　　　图 2-123　"创建传统补间"后的时间轴　　　图 2-124　选择"删除补
　　　　　　间"命令　　　　　　　　　　　　　　　　　　　　　　　　　　　　间"命令

(2) 使用菜单命令创建传统补间动画

在使用菜单命令创建传统补间动画的过程中，同样需要选择同一图层的两个关键帧之间

的任意一帧，然后执行菜单中的"插入 | 补间动画"命令；如果要取消已经创建好的传统补间动画，可以选择已经创建的传统补间动画的两个关键帧之间的任意一帧，然后执行菜单中的"插入 | 删除补间"命令。

2. 传统补间动画属性设置

无论使用前面介绍的哪种方法创建补间动画，都可以通过"属性"面板进行动画的各项设置，从而使其更符合动画需要。选择已经创建的传统补间动画的两个关键帧之间的任意一帧，然后调出"属性"面板，如图 2-125 所示，在其"补间"选项中设置动画的运动速度、旋转方向与旋转次数等属性。

图 2-125　传统补间动画的"属性"面板

(1) 缓动

默认情况下，过渡帧之间的变化速率是不变的，在此可以通过"缓动"选项逐渐调整变化速率，从而创建出更为自然的由慢到快的加速或由快到慢的减速效果，默认值为 0，取值范围为 −100 ~ +100，负值为加速动画，正值为减速动画。

(2) 缓动编辑

单击"缓动"选项右侧的 按钮，在弹出的"自定义缓入 / 缓出"对话框中可以设置过渡帧更为复杂的速度变化，如图 2-126 所示。其中，帧由水平轴表示，变化的百分比由垂直轴表示，第 1 个关键帧表示为 0%，最后 1 个关键帧表示为 100%。对象的变化速率用曲线图中的速率曲线表示，曲线水平时（无斜率），变化速率为 0；曲线垂直时，变化速率最大。

(3) 旋转

"旋转"用于设置对象旋转的动画，单击右侧的 自动 按钮，会弹出如图 2-127 所示的下拉列表框，当选择"顺时针"或"逆时针"选项时，可以创建顺时针或逆时针旋转的动画。在下拉列表框的右侧还有一个参数设置，用于设置对象旋转的次数。

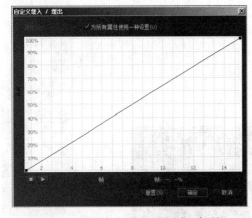

图 2-126　"自定义缓入 / 缓出"对话框

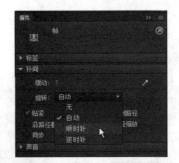

图 2-127　"旋转"下拉列表框

(4) 贴紧

勾选"贴紧"复选框，可以将对象紧贴到引导线上。

(5) 同步

勾选"同步"复选框，可以使图形元件实例的动画和主时间轴同步。

(6) 调整到路径

在制作运动引导线动画时，勾选"调整到路径"复选框，可以使动画对象沿着运动路径运动。

(7) 缩放

勾选"缩放"复选框，可以改变对象的大小。

2.5.3　补间形状动画

补间形状动画用于创建形状变化的动画效果，使一个形状变成另一个形状，同时可以设置图形的形状位置、大小和颜色的变化。

补间形状动画的创建方法与传统补间动画类似，只要创建出两个关键帧中的对象，其他过渡帧便可通过 Animate CC 2017 自己制作出来。当然，创建补间形状动画还需要满足以下条件。

- 在一个补间形状动画中至少要有两个关键帧。
- 两个关键帧中的对象必须是可编辑的图形，如果是其他类型的对象，则必须将其转换为可编辑的图形。
- 两个关键帧中的图形必须有一些变化，否则制作的动画将没有动作变化的效果。

1．创建补间形状动画

当满足了以上条件后，就可以制作补间形状动画。与创建传统补间动画类似，创建补间形状动画也有两种方法。

(1) 通过右键菜单创建补间形状动画

选择同一图层的两个关键帧之间的任意一帧，然后单击鼠标右键，从弹出的快捷菜单中选择"创建补间形状"命令，如图 2-128 所示，这样就在两个关键帧之间创建出了补间形状动画，所创建的补间形状动画会以浅绿色背景进行显示，并且在关键帧之间有一个箭头，如图 2-129 所示。

图 2-128　选择"创建补间形状"命令

图 2-129　"创建补间形状"后的时间轴

提示：如果创建后的补间形状动画以一条绿色背景的虚线段表示，则说明补间形状动画没有创建成功，原因是两个关键帧中的对象可能没有满足创建补间形状动画的条件。

如果要删除创建的补间形状动画，其方法与前面介绍的删除传统补间动画相同。只要选择已经创建的补间形状动画的两个关键帧之间的任意一帧，然后单击鼠标右键，从弹出的快捷菜单中选择"删除补间"命令即可。

（2）使用菜单命令创建补间形状动画

与前面制作传统补间动画的方法相同，首先要选择同一图层的两个关键帧之间的任意一帧，然后执行菜单中的"插入|补间形状"命令，即可在两个关键帧之间创建补间形状动画；如果要取消已经创建好的补间形状动画，可以选择已经创建的补间形状动画的两个关键帧之间的任意一帧，然后执行菜单中的"插入|删除补间"命令即可。

2．补间形状动画属性设置

补间形状动画的属性同样可以通过"属性"面板的"补间"选项进行设置。首先选择已经创建的补间形状动画的两个关键帧之间的任意一帧，然后调出"属性"面板，如图 2-130 所示，在其"补间"选项中设置动画的运动速度、混合等属性即可。其中的"缓动"参数设置请参考前面介绍的传统补间动画。

"混合"下拉列表中有"分布式"和"角形"两个选项可供选择。其中，"分布式"选项创建的动画中间形状更为平滑和不规则；"角形"选项创建的动画中间形状会保留有明显的角和直线。

图 2-130　补间形状动画的"属性"面板

3．使用形状提示控制形状变化

在制作补间形状动画时，如果要控制复杂的形状变化，那么就会出现变化过程杂乱无章的情况，这时可以通过执行菜单中的"修改|形状|添加形状提示"命令，为动画中的图形添加形状提示点，通过形状提示点可以指定图形如何变化，并且可以控制更加复杂的形状变化。

2.5.4　补间动画

补间动画不仅可以大大简化 Animate CC 2017 动画的制作过程，而且还提供了更大程度的控制。在 Animate CC 2017 中，补间动画是一种基于对象的动画，不再是作用于关键帧，而是作用于动画元件本身，从而使 Animate CC 2017 的动画制作更加专业。

1．补间动画与传统补间动画的区别

Animate CC 2017 软件支持传统补间动画和补间动画两种不同的补间动画类型，它们之间存在以下差别。

- 传统补间动画是基于关键帧的动画，是通过两个关键帧中两个对象的变化来创建的动画，其中关键帧是显示对象实例的帧；而补间动画是基于对象的动画，整个补间范围只有一个动画对象，动画中使用的是属性关键帧，而不是关键帧。

- 补间动画在整个补间范围上只有一个对象。
- 补间动画和传统补间动画都只允许对特定类型的对象进行补间。如果应用补间动画，则在创建补间时会将所有不允许的对象类型转换为影片剪辑元件，而应用传统补间动画会将这些对象类型转换为图形元件。
- 补间动画会将文本视为可补间的类型，而不会将文本对象转换为影片剪辑；传统补间动画则会将文本对象转换为图形对象。
- 补间动画不允许在动画范围内添加帧标签，而传统补间动画则允许在动画范围内添加帧标签。
- 补间目标上的任何对象脚本都无法在补间动画的过程中更改。
- 在时间轴中可以将补间动画范围视为对单个对象进行拉伸和调整大小，而传统补间动画则是对补间范围的局部或整体进行调整。
- 如果要在补间动画范围中选择单个帧，必须按住〈Ctrl〉键单击该帧，而传统补间动画中的单帧只需要直接单击即可选择。
- 对于传统补间动画，缓动可应用于补间内关键帧之间的帧；对于补间动画，缓动可应用于补间动画范围的整个长度，如果仅对补间动画的特定帧应用缓动，则需要创建自定义缓动曲线。
- 只能使用补间动画来为 3D 对象创建动画效果，而不能使用传统补间动画为 3D 对象创建动画效果。
- 只有补间动画才能保存为预设。
- 补间动画中属性关键帧无法像传统补间动画那样，对动画中单个关键帧的对象应用交互元件的操作，而是将整体动画应用于交互的元件。补间动画也不能在"属性"面板的"循环"选项下设置图形元件的"单帧"数。

2．创建补间动画

与前面的传统补间动画一样，补间动画对于创建对象的类型也有所限制，只能应用于元件的实例和文本字段。如果没有元件，将会弹出一个用于提示是否将选择的对象转换为元件的提示框，如图 2-131 所示。

图 2-131　提示对话框

在创建补间动画时，对象所处的图层类型可以是系统默认的常规图层，也可以是比较特殊的引导层、遮罩层或被遮罩层。在创建补间动画后，如果原图层是常规图层，那么它将成为补间图层；如果是引导层、遮罩层或被遮罩层，那么它将成为补间引导图层、补间遮罩图层或补间被遮罩图层。

创建补间动画有以下两种方法。

（1）通过右键菜单创建补间动画

在"时间轴"面板中选择某帧，或者在舞台中选择对象，然后单击鼠标右键，从弹出的快捷菜单中选择"创建补间动画"命令，如图 2-132 所示，即可创建补间动画，如图 2-133 所示。

图 2-132　选择"创建补间动画"命令

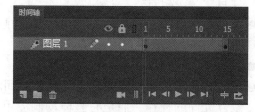

图 2-133　"创建补间动画"后的时间轴

如果要删除创建的补间动画，可以在"时间轴"面板中选择已经创建补间动画的帧，或者在舞台中选择已经创建补间动画的对象，然后单击鼠标右键，从弹出的快捷菜单中选择"删除补间"命令。

（2）使用菜单命令创建补间动画

除了使用右键菜单创建补间动画外，Animate CC 2017 还提供了创建补间动画的菜单命令。利用创建补间动画的菜单命令创建补间动画的方法：首先在"时间轴"面板中选择某帧，或者在舞台中选择对象，然后执行菜单中的"插入|补间动画"命令。

3．在舞台中编辑属性关键帧

在 Animate CC 2017 中，"关键帧"和"属性关键帧"的性质不同。其中，"关键帧"是指舞台上实实在有动画对象的帧，而"属性关键帧"则是指补间动画的特定时间或帧中为对象定义了属性值。

在舞台中可以通过变形面板或工具箱上的各种工具进行属性关键帧的各项编辑，包括位置、大小、旋转和倾斜等。如果补间对象在补间过程中更改舞台位置，那么在舞台中将显示补间对象在舞台上移动时所经过的路径，此时，可以通过工具箱上的 ▶（选择工具）、▶（部分选取工具）、⬛（任意变形工具）以及变形面板编辑补间的运动路径。

4．使用"动画编辑器"调整补间动画

在 Animate CC 2017 中通过动画编辑器可以查看所有补间属性和属性关键帧，从而对补间动画进行全面细致的控制。在"时间轴"面板中双击补间动画中任意一帧，进入如图 2-134 所示的"动画编辑器"。

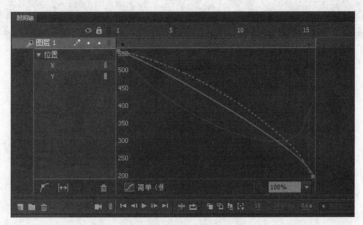

图 2-134　动画编辑器

在"动画编辑器"中，通过在右侧网格曲线中单击鼠标右键，从弹出的快捷菜单中选择相关命令，可以对曲线进行复制、粘贴、翻转、反转等操作。另外单击 █ （在图形上添加锚点）按钮，可以在曲线上添加锚点来改变运动轨迹，如图 2-135 所示。单击 █ （适应视图大小）按钮，可以让曲线网格界面适应当前的时间轴面板大小，如图 2-136 所示。单击 █ （为选定属性适用缓动）按钮，在弹出的图 2-137 所示的面板左侧可以选择各种缓动选项，也可以通过添加锚点来自定义缓动曲线。

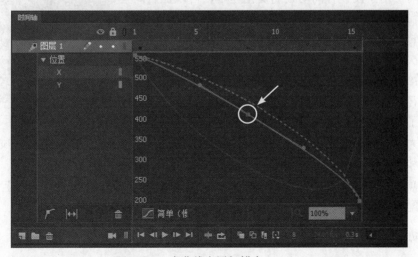

图 2-135　在曲线上添加锚点

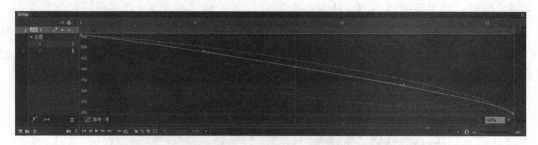

图 2-136　让曲线网格界面适应当前的时间轴面板大小

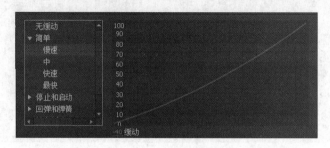

图 2-137　"为选定属性适用缓动"面板

5. 在"属性"面板中编辑属性关键帧

除了可以使用前面介绍的方法编辑属性关键帧外，还可以通过"属性"面板进行一些编辑。首先在"时间轴"面板中将播放头拖动到某帧处，然后选择已经创建好的补间范围，展开"属性"面板，显示"补间动画"的相关设置，如图 2-138 所示。

- 缓动：用于设置补间动画的变化速率，可以在右侧直接输入数值进行设置。
- 旋转：用于显示当前属性关键帧是否旋转，以及旋转的次数、角度。

  方向：用于设置旋转的方向。
- 路径：如果当前选择的补间范围中的补间对象已经更改了舞台位置，则可以在此设置补间运动路径的位置

图 2-138　"属性"面板

和大小。其中，X 和 Y 分别代表"属性"面板第 1 帧对应的属性关键帧中对象的 X 轴和 Y 轴位置；宽度和高度用于设置运动路径的宽度和高度。
- 选项：勾选"同步图形元件"复选框，会重新计算补间的帧数，从而匹配时间轴上分配给它的帧数，使图形元件的动画和主时间轴同步。

2.5.5　动画预设

动画预设提供了预先设置好的一些补间动画，可以直接将它们应用于舞台对象，当然也可以将自己制作好的一些比较常用的补间动画保存为自定义预设，以便于与他人共享后，

在以后工作中可以直接调用，从而节省动画制作时间，提高工作效率。

　　在 Animate CC 2017 中，动画预设的各项操作是通过"动画预设"面板进行的，执行菜单中的"窗口 | 动画预设"命令，可以调出"动画预设"面板，如图 2-139 所示。

1. 应用动画预设

　　通过单击"动画预设"面板中的 ▇▇应用▇▇ 按钮，可以将动画预设应用于一个选定的帧或不同图层上的多个选定帧。其中，每个对象只能应用一个预设，如果第二个预设应用于相同的对象，那么第二个预设将替换第一个预设。应用动画预设的操作很简单，具体步骤如下。

　　1）首先在舞台上选择需要添加动画预设的对象。

　　2）在"动画预设"面板的"预设列表"中选择需要应用的预设，此时通过上方的"预览窗口"可以预览选定预设的动画效果。

　　3）选择合适的动画预设后，单击"动画预设"面板下方的 ▇▇应用▇▇ 按钮，即可将所选预设应用到舞台中被选择的对象上。

　　提示：在应用动画预设时需要注意，在"预设列表"中的各3D动画的动画预设只能应用于影片剪辑元件，
　　　　　而不能应用于图形或按钮元件，也不适用于文本字段。因此，如果要对选择对象应用各3D动画
　　　　　的动画预设，需要将其转换为影片剪辑元件。

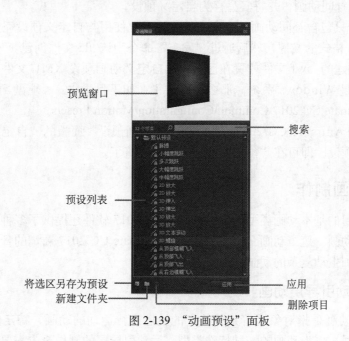

图 2-139　"动画预设"面板

2. 将补间另存为自定义动画预设

　　除了可以将 Animate CC 2017 对象进行动画预设的应用外，Animate CC 2017 还允许将已经创建好的补间动画另存为新的动画预设，以便以后调用。这些新的动画预设会存放在"动画预设"面板中的"自定义预设"文件夹内。将补间另存为自定义动画预设的操作可以通过"动画预设"面板下方的 ▇（将选区另存为预设）按钮来完成。具体操作步骤如下。

　　1）选择"时间轴"面板中的补间范围，或者选择舞台中应用了补间的对象。

2）单击"动画预设"面板下方的 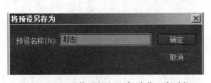（将选区另存为预设）按钮，此时会弹出"将预设另存为"对话框，在其中设置另存预设的名称，如图 2-140 所示。

3）单击"确定"按钮，即可将选择的补间另存为预设，并存放在"动画预设"面板中的"自定义预设"文件夹中，如图 2-141 所示。

图 2-140　"将预设另存为"对话框　　　　图 2-141　"动画预设"面板

3．创建自定义预设的预览

将所选补间另存为自定义动画预设后，在"动画预设"面板的"预览窗口"中是无法正常显示效果的。如果要预览自定义的效果，可以执行以下操作。

1）首先创建补间动画，并将其另存为自定义预设。

2）创建一个只包含补间动画的 .fla 文件。注意要使用与自定义预设完全相同的名称，并将其保存为 .fla 格式的文件，然后通过"发布"命令为该 .fla 文件创建 .swf 文件。

3）将刚才创建的 .swf 文件放置在已保存的自定义动画预设 XML 文件所在的目录中。如果用户使用的是 Windows 系统，那么可以放置在如下目录中：< 硬盘 >\Program Files\Adobe\Adobe Animate CC 2017\Common\Configuration/Motion Presets。

4）重新启动 Animate CC 2017，此时选择"动画预设"面板的"自定义预设"文件夹中的相应自定义预设，即可在"预览窗口"中进行预览了。

2.6　高级动画制作

除了前面学习的基本动画类型外，Animate CC 2017 软件还提供了多种高级特效动画，包括运动引导层动画、遮罩动画、多场景动画及 Animate CC 2017 新增的骨骼动画等。通过它们可以创建更加生动复杂的动画效果。

2.6.1　创建运动引导层动画

运动引导层动画是指对象沿着某种特定的轨迹进行运动的动画，特定的轨迹也被称为固定路径或引导线。作为动画的一种特殊类型，运动引导层的制作至少需要使用两个图层，一个是用于绘制特定路径的运动引导层，另一个是用于存放运动对象的图层。在最终生成的动画中，运动引导层中的引导线不会显示出来。

运动引导层就是绘制对象运动路径的图层，通过此图层中的运动路径可以引导对象沿着绘制的路径运动。在"时间轴"面板中，一个运动引导层下可以有多个图层，也就是多个对象可以沿同一条路径同时运动，此时运动引导层下方的各图层也就成为被引导层。在

Animate CC 2017 中，创建运动引导层有以下两种方法。

1．使用"添加传统运动引导层"命令创建运动引导层

使用"添加传统运动引导层"命令创建运动引导层是最为方便的一种方法，具体操作步骤如下。

1）在"时间轴"面板中选择需要创建运动引导层动画的对象所在的图层。

2）单击鼠标右键，从弹出的快捷菜单中选择"添加传统运动引导层"命令，即可在所选图层的上面创建一个运动引导层（此时，创建的运动引导层前面的图标显示为 ），并且将原来所选图层设置为引导层，如图 2-142 所示。

图 2-142　使用"添加传统运动引导层"命令创建运动引导层

2．使用"图层属性"对话框创建运动引导层

"图层属性"对话框用于显示与设置图层的属性，包括设置图层的类型等。使用"图层属性"对话框创建运动引导层的具体操作步骤如下。

1）选择"时间轴"面板中需要设置为运动引导层的图层，然后执行菜单中的"修改 | 时间轴 | 图层属性"命令（或者在该图层处单击鼠标右键，从弹出的快捷菜单中选择"属性"命令。

2）在"图层属性"对话框中选择"类型"选项组中的"引导层"单选按钮，如图 2-143 所示，然后单击"确定"按钮。此时，当前图层即被设置为运动引导层，如图 2-144 所示。

图 2-143　选择"引导层"单选按钮

图 2-144　当前图层被设置为运动引导层

3）选择运动引导层下方需要设为被引导层的图层（可以是单个图层，也可以是多个图层），如图 2-145 所示，然后按住鼠标左键，将其拖动到运动引导层的下方，即可将其快速转换为被引导层，如图 2-146 所示。

提示：一个引导层可以设置多个被引导层。

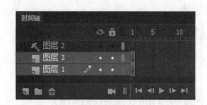
图 2-145　选择需要设为被引导层的图层

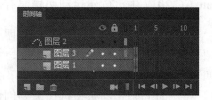
图 2-146　设为被引导层的图层显示

2.6.2　创建遮罩动画

与运动引导层动画相同，在 Animate CC 2017 中创建遮罩动画也至少需要两个图层才能完成，分别是遮罩层和被遮罩层。其中，位于上方用于设置遮罩范围的图层称为遮罩层，而位于下方的图层则是被遮罩层。遮罩层如同一个窗口，通过它可以看到其下被遮罩层中的区域对象，而被遮罩层中区域以外的对象将不会显示，如图 2-147 所示。另外，在制作遮罩动画时，需要注意，一个遮罩层下可以包括多个被遮罩层，不过按钮内部不能有遮罩层，也不能将一个遮罩应用于另一个遮罩。

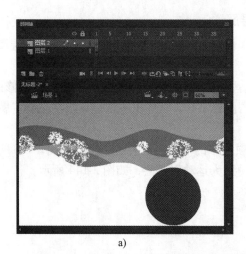
a)

b)

图 2-147　遮罩前后的效果比较
a) 遮罩前　b) 遮罩后

遮罩层其实是由普通图层转化而来的，Animate CC 2017 会忽略遮罩层中的位图、渐变色、透明、颜色和线条样式。遮罩层中的任何填充区域都是完全透明的，任何非填充区域都是不透明的，因此，遮罩层中的对象将作为镂空的对象存在。在 Animate CC 2017 中，创建遮罩层有以下两种方法。

1. 使用"遮罩层"命令创建遮罩层

使用"遮罩层"命令创建遮罩层是最为方便的一种方法，具体操作步骤如下。

1）在"时间轴"面板中选择需要设置为遮罩层的图层。

2）单击鼠标右键，从弹出的快捷菜单中选择"遮罩层"命令，即可将当前图层设置为遮罩层，并且其下的一个图层会被相应地设置为被遮罩层，二者以缩进形式显示，如图 2-148 所示。

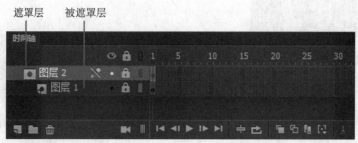

图 2-148　使用"遮罩层"命令创建遮罩层

2．使用"图层属性"对话框创建遮罩层

在"图层属性"对话框中除了可以设置运动引导层，还可以设置遮罩层和被遮罩层，具体操作步骤如下。

1）选择"时间轴"面板中需要设置为遮罩层的图层，然后执行菜单中的"修改 | 时间轴 | 图层属性"命令（或者在该图层处单击鼠标右键，从弹出的快捷菜单中选择"属性"命令），弹出"图层属性"对话框。

2）在"图层属性"对话框中选择"类型"选项组中的"遮罩层"单选按钮，如图 2-149 所示，然后单击"确定"按钮，即可将当前图层设置为遮罩层。此时，时间轴分布效果如图 2-150 所示。

图 2-149　选择"遮罩层"单选按钮

图 2-150　时间轴分布

提示：在"图层属性"对话框中要勾选"锁定"复选框，否则最终不会有遮罩效果。

3）使用同样的方法，在"时间轴"面板中选择需要设置为被遮罩层的图层，然后单击鼠标右键，从弹出的快捷菜单中选择"属性"命令，接着在弹出的"图层属性"对话框中选择"类型"选项组中的"被遮罩"单选按钮，如图 2-151 所示，即可将当前图层设置为被遮罩层，时间轴分布效果如图 2-152 所示。

图 2-151　选择"被遮罩"单选按钮　　　　　　图 2-152　时间轴分布

2.6.3　创建多场景动画

在 Animate CC 2017 中，除了默认的单场景外，用户还可以创建多个场景来编辑动画。多场景动画不同于其他动画，它是在不同的场景中放置不同的动画元素，然后通过场景间的切换将其串联成一个整体动画。多场景动画的具体应用请参见本书"7.1 天津美术学院网页制作"和"7.2 制作动画片"。

2.6.4　创建骨骼动画

骨骼动画也称为反向运动（IK）动画，是一种使用骨骼的关节结构对一个对象或彼此相关的一组对象进行动画处理的方法。在 Animate CC 2017 中要创建骨骼动画，必须首先确定当前 Animate CC 2017 的脚本为 ActionScript 3.0，而不能是 ActionScript 2.0。创建骨骼动画的对象分为两种：一种是元件对象，另一种是图形形状。

1．创建基于元件对象的骨骼动画

在 Animate CC 2017 中对元件对象创建骨骼动画，元件对象可以是影片剪辑、图形和按钮中的任意一种。如果是文本，则需要将文本转换为元件。当创建基于元件的骨骼动画时，可以使用工具箱上的 （骨骼工具）将多个元件进行骨骼绑定，骨骼绑定后，移动其中一个骨骼会带动相邻的骨骼进行运动。

2．创建基于图形形状的骨骼动画

在 Animate CC 2017 中不仅可以对元件创建骨骼动画，还可以对图形形状创建骨骼动画。与创建基于元件的骨骼动画不同，基于图形形状的骨骼动画对象可以是一个图形形状，也可以是多个图形形状，在向单个形状或一组形状添加第一个骨骼之前必须选择所有形状。将骨骼添加到所选择的内容后，Animate CC 2017 会将所有的形状和骨骼转换为骨骼形状对象，并将该对象移动到新的骨架图层，在某个形状转换为骨骼形状后，它将无法再与其他形状进行合并操作。

2.7　交互动画

与许多动画制作工具相比，Animate CC 2017 动画有一个最大的特点就是具有强大的交

互性，浏览者在观赏动画的同时，可以自由控制动画的播放进程。

2.7.1　初识动作脚本

动作脚本是 Animate CC 2017 具有强大交互功能的灵魂所在。使用动作脚本可以与 Animate CC 2017 后台数据库进行交流，结合动作脚本，可以制作出交互性强、动画效果更加绚丽的动画。动作脚本是一种编程语言，Animate CC 2017 使用的是 ActionScript 3.0 版本的动作脚本。Animate CC 2017 动画之所以具有交互性，是通过对按钮、关键帧和影片剪辑设置动作脚本来实现的，所谓"动作"指的是一套命令脚本语句，当某事件发生或某条件成立时，就会发出命令来执行设置的动作。

执行菜单中的"窗口 | 动作"命令（快捷键〈F9〉），可以调出"动作"面板，如图 2-153 所示。

图 2-153　"动作"面板

1．脚本导航器

脚本导航器用于显示包含脚本的 Animate CC 元素（影片剪辑、帧和按钮等）的分层列表。使用脚本导航器可在 Animate CC 2017 文档中的各个脚本之间快速移动。如果单击脚本导航器中的某一项目，与该项目相关联的脚本将显示在脚本窗口中。

2．工具栏

"动作"面板工具栏位于"脚本"窗格上方，包含 6 个工具按钮，这些按钮的具体作用如下。

- ![pin] （固定脚本）：单击该按钮后会显示为 ![pin2] 状态，此时可以固定当前帧当前图层的脚本。

- ![target] （插入实例路径和名称）：单击该按钮，打开"插入目标路径"对话框，如图 2-154 所示，从中可以选择插入按钮或影片剪辑元件的目录路径。

- ![search] （查找）：单击该按钮，将展开高级选项，如图 2-155 所示，在文本框中输入内容，可以进行查找与替换。

图 2-154　"插入目标路径"对话框

图 2-155 高级选项

- (设置代码格式)：单击该按钮，可以为写好
  的脚本提供默认的代码格式。

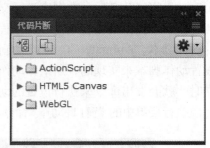

- (代码片段)：单击该按钮，可以调出"代码
  片段"面板，如图 2-156 所示，从中可以选择预
  设的 ActionScript 语言。

- (帮助)：单击该按钮，可以打开链接网页，
  在该网页中提供了 ActionScript 语言的帮助信息。

图 2-156 "代码片段"面板

3．"脚本"窗格

"脚本"窗格用来输入和调用动作脚本。"脚本"窗格右上方为工具栏。

2.7.2 动画的跳转控制

关于动画的跳转控制，将通过下面的实例进行讲解，具体操作步骤如下。

1）打开网盘中的"素材及结果 \2.7.2 动画的跳转控制 \ 动画跳转控制 - 素材 .fla"文件，
如图 2-157 所示。

图 2-157 打开"动画跳转控制 - 素材 .fla"文件

2）执行菜单中的"控制 | 测试影片"（组合键〈Ctrl+Enter〉）命令，可以看到两幅图片
连续切换播放的效果。

3）制作动画播放到结尾第 20 帧时停止播放的效果。方法：将时间定位在第 20 帧，然

后执行菜单中的"窗口 | 动作"面板，调出"动作"面板，如图 2-158 所示。接着在"动作"面板中单击右上角的 `<>`（代码片段）按钮，调出"代码片段（断）"面板，如图 2-159 所示。

图 2-158　调出"动作"面板　　　　　图 2-159　调出"代码片段"面板

4）在"代码片段"面板的"ActionScript/ 时间轴导航 / 在此帧处停止"命令处双击鼠标，如图 2-160 所示，此时在"动作"面板中会自动输入动作脚本，如图 2-161 所示。同时会自动创建一个名称为"Actions"的图层，并且第 20 帧处多出了一个字母"a"，在如图 2-162 所示。

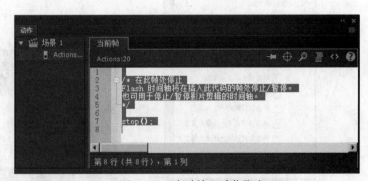

图 2-160　在"在此帧处停止"　　　　　图 2-161　自动输入动作脚本
　　命令处双击鼠标

图 2-162　自动创建一个名称为"Actions"的图层

5）执行菜单中的"控制 | 测试影片"命令，即可看到当动画播放到第 20 帧时，动画停止的效果。

6）制作动画播放到结尾再跳转到第 1 帧后停止播放的效果。方法：在"动作"面板中删除注释和脚本，然后输入脚本"gotoAndStop（1）"。接着执行菜单中的"控制 | 测试影片"命令，即可看到当动画播放到第 20 帧时，自动跳转到第 1 帧循环播放的效果。

2.7.3　交互按钮的实现

用户除了在关键帧中可以设置动作脚本外，在按钮中也可以设置动作脚本，从而实现按钮交互动画。下面通过一个实例进行讲解，具体操作步骤如下。

1）打开网盘中的"素材及结果 \ 2.7.3 交互按钮的实现 \ 交互按钮的实现 - 素材 .fla"文件。

2）执行菜单中的"控制 | 测试影片"（组合键〈Ctrl+Enter〉）命令，可以看到小球依次沿 4 个椭圆运动的效果。

3）制作小球开始时静止的效果。方法：执行菜单中的"窗口 | 动作"面板，调出"动作"面板，然后在"动作"面板中单击右上角的 <> （代码片段）按钮，调出"代码片段"面板。接着在"代码片段"面板的"ActionScript/ 时间轴导航 / 在此帧处停止"命令处双击鼠标，如图 2-163 所示，此时在"动作"面板中会自动输入动作脚本，如图 2-164 所示。同时会自动创建一个名称为"Actions"的图层，如图 2-165 所示。最后执行菜单中的"控制 | 测试影片"（组合键〈Ctrl+Enter〉）命令，测试影片，即可看到小球开始时静止的效果。

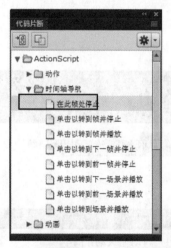

图 2-163　在"在此帧处停止"命令处双击鼠标　　　　　图 2-164　自动输入动作脚本

图 2-165　自动创建一个名称为"Actions"的图层

4）制作单击"播放"按钮，小球开始依次沿 4 个椭圆运动的效果。方法：在舞台中分别选择"播放"按钮实例，然后在"属性"面板中将它的实例名称命名为"pl"，如图

2-166 所示。

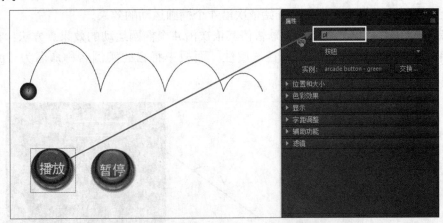

图 2-166　将"播放"按钮的实例名称命名为"pl"

　　5）在"代码片段"面板的"ActionScript/ 事件处理函数 /Mouse Click 事件"命令处双击鼠标，如图 2-167 所示，此时在"动作"面板中会自动输入动作脚本，如图 2-168 所示。然后删除 {} 之间的注释和脚本，再输入脚本"play()"，如图 2-169 所示。

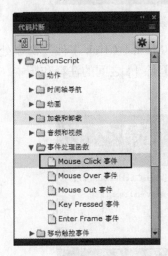

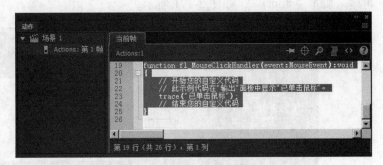

图 2-167　在"Mouse Click 事件"　　　　　　　　图 2-168　自动输入动作脚本
　　　　　命令处双击鼠标

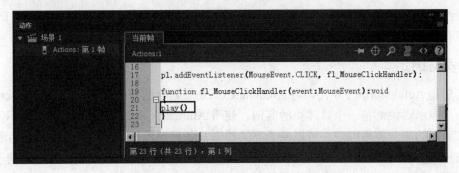

图 2-169　在 {} 之间输入脚本"play()"

6）执行菜单中的"控制|测试影片"（组合键〈Ctrl+Enter〉）命令，即可测试小球开始时静止，当单击"播放"按钮后开始依次沿 4 个椭圆运动的效果。

7）制作单击"暂停"按钮，小球暂停其依次沿 4 个椭圆运动的效果。方法：在舞台中分别选择"暂停"按钮实例，然后在"属性"面板中将它的实例名称命名为"ps"，如图 2-170 所示。

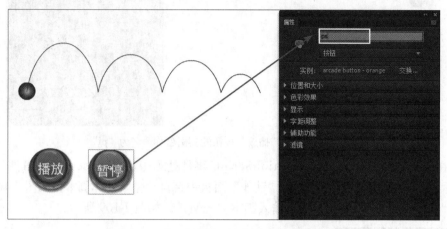

图 2-170　将"暂停"按钮的实例名称命名为"ps"

8）在"代码片段"面板的"ActionScript/ 事件处理函数 /Mouse Click 事件"命令处双击鼠标，此时在"动作"面板中会自动输入动作脚本。然后删除 {} 之间的注释和脚本，再输入脚本"stop()"，如图 2-171 所示。

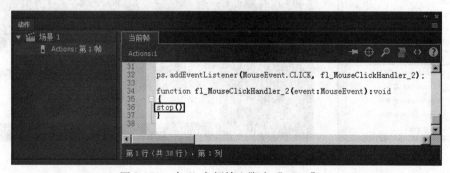

图 2-171　在 {} 之间输入脚本"stop()"

9）至此，整个动画制作完毕。下面执行菜单中的"控制|测试影片"（组合键〈Ctrl+Enter〉）命令，打开播放器窗口，然后单击"播放"和"暂停"按钮即可看到效果。

2.7.4　类与绑定

类绑定是 ActionScript 3.0 代码与 Animate CC 2017 结合的重要途径。在 ActionScript 3.0 中，每一个显示对象都是一个具体类的实例，使用 Animate CC 2017 制作的动画也不例外。采用类和库中的影片剪辑绑定，可以使漂亮的动画具备程序模块式的功能。一旦影片和类绑定后，放进舞台的这些影片就被视为该类的实例。当一个影片和类绑定后，影片中的子显示对象和帧播放都可以被类中定义的代码控制。

类文件有什么含义呢？例如，用户想让一个影片剪辑对象有很多功能，比如支持拖动、支持双击等，可以先在一个类文件中写清楚这些实现的方法，然后用这个类在舞台上创建许多实例，此时这些实例全部具有类文件中已经写好的功能。只需写一次，就能使用很多次，最重要的是它还可以通过继承来重用很多代码，为将来制作动画节省很多时间。关于类的具体应用请参见本书中的"5.10　在小窗口中浏览大图像效果""5.11　下雪效果""5.12　礼花绽放效果"和"5.13　砸金蛋游戏"。

2.8　组件

组件是一些复杂的带有可定义参数的影片剪辑符号。一个组件就是一段影片剪辑，其所带的参数由用户在创建 Animate CC 影片时进行设置，其中的动作脚本 API 供用户在运行时自定义组件。组件旨在让开发人员重用和共享代码，封装复杂功能，让用户在没有"动作脚本"时，也能使用和自定义这些功能。

2.8.1　设置组件

执行菜单中的"窗口|组件"命令，调出"组件"面板，如图2-172所示。Animate CC 2017的"组件"面板中包含"User Interface"和"Video"两类组件。其中，"User Interface"组件用于创建界面；"Video"组件用于控制视频播放。

用户可以在"组件"面板中选中要使用的组件（见图2-173），然后将其直接拖到舞台中（见图2-174），此时在"属性"面板中可以对其参数进行相应的设置，如图2-175所示。

图2-172　"组件"面板　图2-173　选择要使用的组件　图2-174　选择舞台中的组件　图2-175　"属性"面板

2.8.2　组件的分类与应用

下面介绍几种典型组件的参数设置与应用。

1. Button 组件

Button组件为一个按钮，如图2-176所示。使用按钮可以实现表单提交以及执行某些相关的行为动作。在舞台中添加Button组件后，用户可以通过"属性"面板设置Button组件的相关参数，如图2-177所示。该面板的主要参数含义如下。

图2-176　Button组件　　　　　图2-177　Button组件的"属性"面板

- emphasized：用于设置是否为 Button 组件添加强调底纹，默认为未选中状态。
- enabled：用于设置 Button 组件是否可以接受焦点和输入，默认为选中状态。
- label：用于设置按钮上的文本。
- labelPlacement：用于设置按钮上的文本在按钮图标内的方向。该参数可以是下列 4 个值之一，即 left、right、top 或 bottom，默认为 right。
- selected：该参数指定按钮是处于按下状态（true）还是释放状态（false），默认值为 false。
- toggle：用于将按钮转变为切换开关。如果值为 true，则按钮在单击后保持按下状态，并在再次单击时返回到释放状态；如果值为 false，则按钮行为与一般按钮相同。toggle 默认值为 false。
- visible：用于设置 Button 组件是否可见，默认为选中状态。

2．CheckBox 组件

CheckBox组件为多选按钮组件，如图2-178所示。使用该组件可以在一组多选按钮中选择多个选项。在舞台中添加CheckBox组件后，用户可以通过"属性"面板设置CheckBox组件的相关参数，如图2-179所示。该面板的主要参数含义如下。

- label：用于设置多选按钮右侧的文本。
- labelPlacement：用于设置多选按钮上的文本在按钮图标内的方向。该参数可以是下列 4 个值之一，即 left、right、top 或 bottom，默认为 right。

图2-179　CheckBox组件的"属性"面板

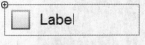

图2-178　CheckBox组件

● selected：用于设置多选按钮的初始值为被选中或取消选中。被选中的多选按钮会显示一个对勾，其参数值为 true。如果将其参数值设置为 false，表示会取消选择多选按钮。

3．ComboBox 组件

ComboBox组件为下拉列表框的形式，如图2-180所示。用户可以在弹出的下拉列表框中选择其中一个选项。在舞台中添加ComboBox组件后，可以通过"属性"面板设置ComboBox组件的相关参数，如图2-181所示。该面板的主要参数含义如下。

图2-181　ComboBox组件的"属性"面板

图2-180　ComboBox组件

●dataProvider：用于设置下拉列表当中显示的内容，以及传送的数据。

●editable：用于设置下拉列表中显示的内容是否为编辑状态。

●prompt：用于设置 ComboBox 组件开始显示时的初始内容。

●rowCount：用于设置下拉列表框中可显示的最大行数。

4．RadioButton 组件

RadioButton 组件为单选按钮组件，可以供用户从一组单选按钮选项中选择一个选项，如图2-182所示。在舞台中添加RadioButton组件后，用户可以通过"属性"面板设置RadioButton组件的相关参数，如图2-183所示。该面板的主要参数含义如下。

图2-182　RadioButton组件　　　　图2-183　RadioButton组件的"属性"面板

● groupName：单击按钮的组名称，一组单选按钮有一个统一的名称。

● label：用于设置单选按钮上的文本内容。

●labelPlacement：用于确定单选按钮上标签文本的方向。该参数可以是下列 4 个值之一，即 left、right、top 或 bottom，其默认为 right。

●selected：用于设置单选按钮的初始值为被选中或取消选中。被选中的单选按钮中会显示一个圆点，其参数值为 true，一个组内只有一个单选按钮可以有被选中的值 true。如果将其参数值设置为 false，表示取消选择单选按钮。

5．ScrollPane 组件

ScrollPane 组件用于设置一个可滚动的区域来显示JPEG、GIF、PNG及SWF文件，如图2-184所示。在舞台中添加ScrollPane组件后，用户可以通过"属性"面板设置ScrollPane组件的相关参数，如图2-185所示。该面板的主要参数含义如下。

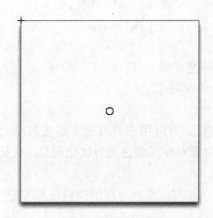

图2-184　ScrollPane组件

图2-185　ScrollPane组件的"属性"面板

- horizontalLineScrollSize：当显示水平滚动条时，用以设置水平方向上的滚动条要水平移动的数量。其单位为像素，默认值为 4。
- horizontalPageScrollSize：用于设置按滚动条时，水平滚动条上滚动滑块要移动的像素数。当该值为 0 时，该属性检索组件的可用宽度。
- horizontalScrollPolicy：用于设置水平滚动条是否始终打开。
- scrollDrag：用于设置当用户在滚动窗格中拖动内容时，是否发生滚动。
- source：用于设置滚动区域内的图像文件或 SWF 文件。
- verticalLineScrollSize：当显示垂直滚动条时，用来设置单击滚动箭头要在垂直方向上滚动多少像素。其单位为像素，默认值为 4。
- verticalPageScrollSize：用于设置按滚动条时垂直滚动条上滚动滑块要移动的像素数。当该值为 0 时，该属性检索组件的可用高度。
- verticalScrollPolicy：用于设置垂直滚动条是否始终打开。

2.9　优化、测试和发布动画

Animate CC 2017 动画制作完成后，在发布之前可以根据需要，对动画进行适当的优化处理，还可以根据播放环境的需要将其输出为多种格式。例如，可以输出为适合网络播放

的 .swf 和 .html 格式，也可以输出为非网络播放的 .avi 和 .mov 格式，还可以输出为 .exe 的 Windows 放映格式。

2.9.1 优化动画

优化动画主要是为了减小动画文件的大小，从而缩短动画下载和回放时间。

（1）整体优化动画

对于整个动画，主要有以下几种方式对其进行整体优化。

● 对于重复使用的元素，最好将其转换为元件、动画或者其他对象。
● 限制每个关键帧中的改变区域，在尽可能小的区域中执行动作。
● 在制作动画时，尽可能使用补间动画。
● 对于动画序列，最好使用影片剪辑元件而不是图形元件。
● 对于音频，尽可能使用 MP3 这种占用空间小的格式。

（2）优化颜色

优化颜色对动画播放效果起着十分重要的作用，有时用户会发现本地播放动画的颜色效果与浏览器上播放的颜色效果不一致，这时用户需对动画颜色进行优化调整。优化颜色有以下几种方式。

● 使用"颜色"面板调色，从而使文档的调色板与浏览器专用的调色板相匹配。
● 尽量减少渐变色的使用。
● 尽量减少 Alpha 透明度的使用。

（3）优化文本、字体和线条

除了可以对整体影片和颜色进行优化外，用户还可以对文本、字体和线条进行优化。优化文本、字体和线条有以下几种方式。

● 尽可能使用同一种字体，减少嵌入字体的使用。如果要使用嵌入字体，则对于"嵌入"字体选项只勾选需要的字符，而不要包括所有字体。
● 尽可能减少诸如虚线、点状线、锯齿状线之类的特殊线条的使用。
● 尽量使用矢量的"钢笔工具"绘制线条。

（4）使用运行时共享库

用户可以使用运行时共享库来缩短下载时间，对于较大的应用程序使用相同的组件或元件时，这些库通常是必需的。库将放在用户计算机的缓存中，所有后续 SWF 文件将使用该库，对于较大的应用程序，这一过程可以缩短下载时间。

（5）优化动作脚本

在 Aniamte CC 2017 中可以使用"发布设置"命令对需要优化的动作脚本进行优化操作。执行菜单中的"文件|发布设置"命令，在弹出的"发布设置"对话框中勾选"省略 trace 语句"复选框，如图 2-186 所示，然后单击"确定"按钮，即可完成动作脚本的优化。

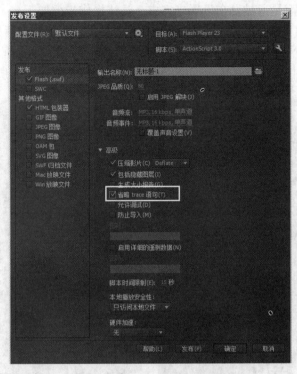

图 2-186　"发布设置"对话框

2.9.2　测试动画

在 Animate CC 2017 中可以通过多种方式对动画进行测试，查看制作的动画是否符合要求。

（1）测试场景

如果制作了多个场景的动画文件，执行菜单中的"控制 | 测试场景"命令，即可测试播放当前编辑的场景。

（2）直接测试影片

执行菜单中的"控制 | 测试"（快捷键〈Ctrl+Enter〉）命令，即可对动画进行直接测试。

（3）在浏览器中测试影片

执行菜单中的"控制 | 测试影片 | 在浏览器中"命令，即可通过浏览器来浏览制作的动画。

（4）清除发布缓存

在 Animate CC 2017 中，如果发布的文件过多，就会影响计算机的运行速度，此时可以对发布的缓存文件进行清理操作。执行菜单中的"控制 | 清除发布缓存"命令，即可清除发布缓存文件。

2.9.3　发布动画

在 Animate CC 2017 中，不仅可以将制作的动画发布为默认的 SWF 格式以及在浏览器窗口所需的 HTML 文档，还可以将其导出为动态图像和静态图像。此外，还可以将其导出为 QuickTime(mov) 视频格式。

（1）发布 SWF 格式

将 Animate CC 2017 中制作的动画发布为 SWF 文件，不是通过直接发布 Animate CC

2017 动画来完成的，而是通过发布设置来完成。具体操作步骤如下。

1）执行菜单中的"文件|发布设置"命令，打开"发布设置"对话框，如图 2-187 所示。

2）在"发布设置"对话框中左侧确认勾选"Flash(.swf)"复选框，然后单击"目标"右侧下拉列表框，从中选择相应的 Flash Player 版本选项，如图 2-188 所示。

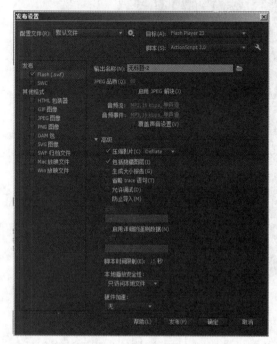

图 2-187 "发布设置"对话框

图 2-188 选择相应的 Flash Player 版本选项

3）单击"输出文件"右侧的 按钮，从弹出的对话框中设置发布文件的路径和名称，如图 2-189 所示，单击"保存"按钮，返回"发布设置"对话框。

图 2-189 设置发布文件的路径和名称

4）在"JPEG 品质"右侧设置动画中 JPEG 压缩比例，然后在"音频流"和"音频事件"右侧设置采样率、压缩比特率以及品质。

5）单击"发布"按钮，即可将动画文件发布为 .swf 格式的文件。

（2）发布 HTML 格式

发布为 HTML 网页格式的具体操作步骤如下。

1）执行菜单中的"文件 | 发布设置"命令，打开"发布设置"对话框。

2）在"发布设置"对话框中左侧确认勾选"HTML 包装器"复选框，如图 2-190 所示，然后单击"目标"右侧下拉列表框，从中选择相应的 Flash Player 版本选项。

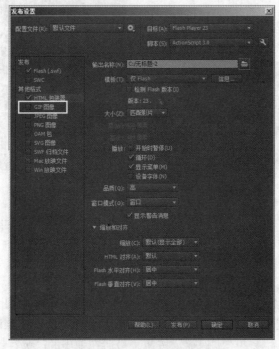

图 2-190　"发布设置"对话框

3）单击"输出文件"右侧的■按钮，从弹出的对话框中设置发布文件的路径和名称，单击"保存"按钮，返回"发布设置"对话框。

4）单击"模板"右侧下拉列表，从中选择"仅 Flash- 允许全屏"选项，如图 2-191 所示。

5）单击"品质"右侧下拉列表，从中可以选择 HTML 显示品质，此时选择的是"高"选项，如图 2-192 所示。

6）单击"窗口模式"右侧下拉列表，从中可以选择窗口的显示模式，此时选择的是"透明无窗口"选项，如图 2-193 所示。

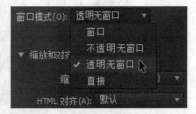

图 2-191　选择"仅 Flash- 允许全屏"选项　　图 2-192　选择"高"选项　　图 2-193　选择"透明无窗口"选项

7）单击"缩放"右侧下拉列表，从中可以选择影片缩放方式，此时选择的是"精确匹配"选项，如图 2-194 所示。

8）单击"HTML 对齐"右侧下拉列表，从中可以选择网页对齐方式，此时选择的是"顶部"选项，如图 2-195 所示。

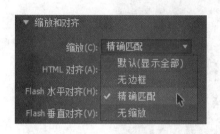

图 2-194 选择"精确匹配"选项

图 2-195 选择"顶部"选项

9）单击"发布"按钮，即可将动画文件发布为 .html 格式的文件。

（3）导出图像

Animate CC 2017 可以将动画导出为动态图像和静态图像，一般导出的动态图像为 GIF 格式，导出的静态图像为 JPEG 格式。

1）导出 GIF 动态图像。方法：执行菜单中的"文件 | 导出 | 导出图像"命令，然后在弹出的"导出图像"对话框选择"GIF"格式，如图 2-196 所示，接着设置"名称""颜色"和"图像大小"等参数后，单击"保存"按钮。最后在弹出的"另存为"对话框中设置文件保存的路径和名称，如图 2-197 所示，单击"保存"按钮，即可完成 GIF 动态图像的导出。

图 2-196 选择"GIF"格式

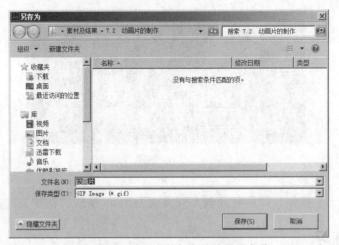

图 2-197　设置文件保存的路径和名称

2）导出 JPEG 格式静态图像。方法：执行菜单中的"文件 | 导出 | 导出图像"命令，然后在弹出的"导出图像"对话框选择"JPEG"格式，如图 2-198 所示，接着设置"名称""品质"和"图像大小"等参数后，单击"保存"按钮。最后在弹出的"另存为"对话框中设置文件保存的路径和名称，单击"保存"按钮，即可完成 JPEG 静态图像的导出。

图 2-198　选择"JPEG"格式

（4）导出 .mov 格式的视频

将 Animate CC 2017 中制作的动画导出为 .mov 格式的视频文件的具体操作步骤如下。

1）执行菜单中的"文件 | 导出 | 导出视频"命令，在弹出的"导出视频"对话框中设置设置相应参数，如图 2-199 所示。

图 2-199　"导出视频"对话框

2）单击"导出"按钮，即可将动画文件发布为 .mov 格式的视频文件。

2.10　课后练习

1. 填空题

（1）Animate CC 2017 中橡皮擦共有 5 种模式，它们分别是：_____、_____、_____、_____和_____。

（2）Animate CC 2017 中的元件共分为 3 种，分别是：_____、_____和_____。

（3）创建骨骼动画的对象分为两种：一种是_____；另一种是_____。

（4）使用_____工具可以在 3D 空间中旋转影片剪辑元件；使用_____工具可以将影片剪辑元件在 X、Y、Z 轴方向上进行平移。

2. 选择题

（1）在 Animate CC 2017 中可以设置多种笔触类型，下列哪些属于可以设置的笔触类型？（　　）

　　A. 虚线　　　　B. 点状线　　　　C. 矩形线　　　　D. 斑马线

（2）对于创建传统补间动画，可以在"属性"面板中设置动画的哪些属性？（　　）

　　A. 运动速度　　B. 运动路径　　　C. 旋转次数　　　D. 旋转方向

（3）下列哪些属于 Animate CC 2017 能导出的动画类型？（　　）

　　A. .jpg　　　　B. .swf　　　　　C. .mov　　　　　D. .psd

3. 问答题

（1）简述补间动画和传统补间动画的区别。

（2）简述运动引导层和遮罩层的使用方法。

（3）简述优化动画的方法。

第 2 部分　基础实例演练

第 3 章 基 础 动 画

通过本章的学习，读者应掌握逐帧动画、补间形状动画和传统补间动画的制作方法，以及遮罩层和引导层的使用方法，并能够制作出简单的动画。

3.1 线框文字

要点

本例将制作绿点线框勾边的中空文字，如图 3-1 所示。通过本例的学习，读者应掌握如何设置文档大小，以及 T（文字工具）和 （墨水瓶工具）的使用方法。

图 3-1 线框文字

操作步骤

1）启动 Animate CC 2017 软件，新建一个 ActionScript 3.0 文件。

2）设置文档大小。方法：执行菜单中的"修改|文档"（组合键〈Ctrl+J〉）命令，在弹出的"文档设置"对话框中设置舞台颜色为深蓝色（#000066），舞台大小为 350 像素 ×75 像素，如图 3-2 所示，然后单击"确定"按钮。

3）选择工具箱上的 T（文字工具），然后在"属性"面板中如图 3-3 所示设置参数，接着在工作区中单击鼠标，输入文字"CARTOON"。

提示：为了便于观看，可以暂时将文字颜色设置为黄色（#FFFF00）。

图 3-2 "文档设置"对话框

图 3-3 设置文本属性

4）单击面板组缩略图中的 ▦（对齐）按钮，调出"对齐"面板，然后勾选"与舞台对齐"复选框，接着单击 ▣（水平中齐）和 ▣（垂直中齐）按钮，如图 3-4 所示，将文字中心对齐，结果如图 3-5 所示。

图 3-4　设置对齐参数　　　　　　　　　　图 3-5　中心对齐效果

5）执行菜单中的"修改 | 分离"（组合键〈Ctrl+B〉）命令两次，将文字分离为图形。

提示：第一次执行"分离"命令，将整体文字分离为单个字母，如图 3-6 所示；第二次执行"分离"命令，将单个字母分离为图形，如图 3-7 所示。

图 3-6　将整体文字分离为单个字母　　　　　图 3-7　将单个字母分离为图形

6）对文字进行描边处理。单击工具栏上的 ▦（墨水瓶工具），将颜色设置为绿色（#00CC00），然后对文字进行描边。最后按键盘上的〈Delete〉键删除填充区域，结果如图 3-8 所示。

提示：字母"A""R""O"的内边界也需要单击，否则内部边界将不会被加上边框。

图 3-8　对文字描边后删除填充区域

7）对描边线段进行处理。选择工具箱上的 ▦（选择工具），框选所有的文字，然后在"属性"面板中单击 ▦（编辑笔触样式）按钮，如图 3-9 所示。接着在弹出的"笔触样式"对话框中设置参数，如图 3-10 所示，再单击"确定"按钮，结果如图 3-11 所示。

提示：通过该对话框可以得到多种不同线型的边框。

8）执行菜单中的"控制 | 测试"（组合键〈Ctrl+Enter〉）命令，即可看到效果。

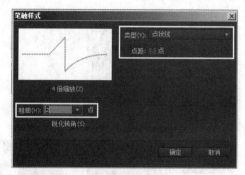

图 3-9　单击"编辑笔触样式"按钮　　　　　图 3-10　对描边线段进行参数设置

图 3-11　对描边线段处理后的效果

3.2　彩虹文字

要点

本例将制作色彩渐变的文字，如图 3-12 所示。通过本例的学习，读者应掌握如何改变背景颜色，以及 ■（文字工具）、■（颜料桶工具）和 ■（墨水瓶工具）的使用方法。

图 3-12　彩虹文字

操作步骤

1）启动 Animate CC 2017 软件，新建一个 ActionScript 3.0 文件。

2）设置文档大小。方法：执行菜单中的"修改 | 文档"（组合键〈Ctrl+J〉）命令，在弹出的"文档设置"对话框中设置舞台颜色为深蓝色（#000066），舞台大小为 450 像素 ×75 像素，如图 3-13 所示，然后单击"确定"按钮。

　　提示：如果需要以后新建文件的舞台的颜色继承深蓝色的属性，则可以单击"设为默认值"按钮。

3）选择工具箱上的 ■（文字工具），如图 3-14 所示设置参数，然后在工作区中单击鼠标，输入文字"动漫游戏产业"。

图 3-13　设置文档属性

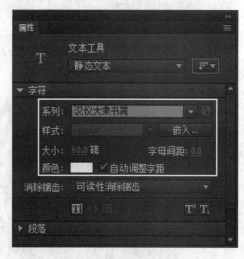

图 3-14　设置文本属性

4）使用"对齐"面板，将文字中心对齐，结果如图 3-15 所示。

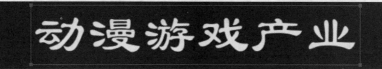

图 3-15　将文字中心对齐

5）执行菜单中的"修改 | 分离"（组合键〈Ctrl+B〉）命令两次，将文字分离为图形。

6）选择工具箱上的![](颜料桶工具），设置填充色为![]，然后对文字进行填充，结果如图 3-16 所示。

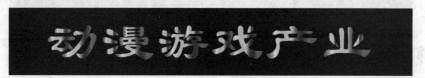

图 3-16　对文字进行填充

7）此时，填充是针对每一个字母进行的，这是不正确的。为了解决这个问题，需要选择![](颜料桶工具）对文字进行再次填充，结果如图 3-17 所示。

图 3-17　对文字进行再次填充

8）调整渐变色的方向。选择工具箱上的![]（渐变变形工具），在工作区中单击文字，这时，在文字左、右两方将出现两条竖线，如图 3-18 所示。

9）将鼠标拖动到右上方的圆圈处，此时光标将变成 4 个旋转的小箭头，然后按住鼠标并将它向上拖动，从而调整文字渐变方向，如图 3-19 所示。

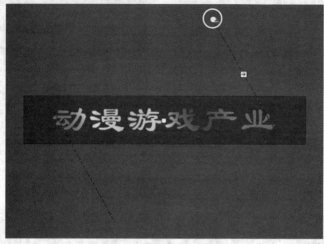

图 3-18　利用渐变变形工具单击文字

图 3-19　调整文字渐变方向

10）选择工具箱上的（墨水瓶工具），设置笔触颜色为白色，类型为"实线"，粗细为1.0 磅，然后对每个文字边缘进行描边处理，结果如图 3-20 所示。

图 3-20　对每个文字边缘进行描边处理后的效果

11）执行菜单中的"控制 | 测试"（组合键〈Ctrl+Enter〉）命令，即可看到效果。

3.3　霓虹灯文字

要点

本例将制作具有霓虹灯效果的文字，如图 3-21 所示。通过本例的学习，读者应掌握将线条转换为可填充区域和柔化填充边缘的方法。

图 3-21　霓虹灯文字

操作步骤

1) 启动 Animate CC 2017 软件，新建一个 ActionScript 3.0 文件。

2) 执行菜单中的"修改 | 文档"（组合键〈Ctrl+J〉）命令，在弹出的"文档设置"对话框中设置舞台颜色为深蓝色（#000066），舞台大小为 550 像素 ×300 像素，如图 3-22 所示，然后单击"确定"按钮。

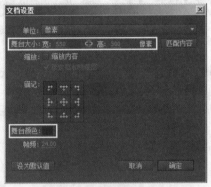

图 3-22　设置文档属性

3) 选择工具箱上的 ▣ （文字工具），然后在"属性"面板中设置字体为"汉仪大黑简 "，大小为"90.0"磅，文字颜色为红色（#FF0000），如图 3-23 所示，接着在工作区中单击鼠标，输入文字"奇妙小世界"。

4) 使用"对齐"面板，将文字中心对齐，结果如图 3-24 所示。

图 3-23　设置文本属性

图 3-24　将文字中心对齐

5) 执行菜单中的"修改 | 分离"（组合键〈Ctrl+B〉）命令两次，将文字分离为图形。

6) 对文字进行描边处理。选择工具箱上的 ▣ （墨水瓶工具），设置笔触颜色为明黄色（#FFFF00），类型为"实线"，粗细为 1.0 磅，然后对文字进行描边，如图 3-25 所示。接着按〈Delete〉键删除填充区域，结果如图 3-26 所示。

提示：默认情况下，笔触高度为 1，此时使用的是默认高度。

图 3-25 对文字进行描边处理　　　　　　　图 3-26　删除填充区域

7) 选择工具箱上的 （选择工具），框选所有明黄色外框。然后将线宽设置为1，实线。接着执行菜单中的"修改 | 形状 | 将线条转换为填充"命令，将明黄色边框转换为可填充的区域。

8) 执行菜单中的"修改 | 形状 | 柔化填充边缘"命令，在弹出的"柔化填充边缘"对话框中设置参数，如图 3-27 所示，使其向外模糊，然后单击"确定"按钮，结果如图 3-28 所示。

提示：在对直线、图形线框和文字边框等线条进行柔化处理前，必须先执行菜单中的"修改 | 形状 | 将线条转换为填充"命令，将线条转换为可填充的区域。

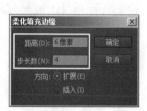

图 3-27 "柔化填充边缘"对话框　　　　　图 3-28　柔化填充边缘效果

9) 执行菜单中的"控制 | 测试"（组合键〈Ctrl+Enter〉）命令，即可看到文字效果。

3.4　彩图文字

要点

本例将用图片制作文字中的填充部分，且使文字外围是柔化的边框，如图 3-29 所示。通过本例的学习，读者应掌握如何将文档与导入的图片相匹配，以及柔化填充边缘的使用方法。

图 3-29　彩图文字

操作步骤

1）启动 Animate CC 2017 软件，新建一个 ActionScript 3.0 文件。

2）执行菜单中的"文件 | 导入 | 导入到舞台"（组合键〈Ctrl+R〉）命令，在弹出的"导入"对话框中选择网盘中的"素材及结果 \3.4 彩图文字 \ 背景 .bmp"图片，如图 3-30 所示，然后单击"打开"按钮。

图 3-30　选择导入图片

3）此时，填充图片比场景要大，为了使场景与填充图片等大，需执行菜单中的"修改 | 文档"（组合键〈Ctrl+J〉）命令，在弹出的如图 3-31 所示的"文档设置"对话框中，单击"匹配内容"按钮。然后将舞台颜色设置为深蓝色 (#000066)，单击"确定"按钮。

4）执行菜单中的"修改 | 分离"（组合键〈Ctrl+B〉）命令，将图片分离成图形，如图 3-32 所示。

图 3-31　单击"匹配内容"按钮

图 3-32　分离后的效果

5）选择工具箱上的 T （文本工具），然后在"属性"面板中设置字体为"Arial"、大小为 150.0，文字颜色为浅绿色（#00FF00），如图 3-33 所示，接着在工作区中单击鼠标，输入文字"Adobe"，如图 3-34 所示。

6）将文字移到图片以外，然后执行菜单中的"修改 | 分离"（组合键〈Ctrl+B〉）命令两次，将文字分离为图形，结果如图 3-35 所示。

提示：将文字分离成图形的目的是分离成图形的图片进行计算，以便删除不需要的部分。

图 3-33　设置文本参数

图 3-34　输入文字

图 3-35　将文字分离为图形

7）执行菜单中的"修改 | 形状 | 柔化填充边缘"命令，在弹出的"柔化填充边缘"对话框中设置参数，如图 3-36 所示，使其向外模糊，然后单击"确定"按钮。

8）配合〈Shift〉键，选中所有文字中的填充部分，然后按〈Delete〉键删除，结果如图 3-37 所示。

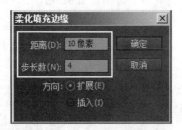

图 3-36　设置"柔化填充边缘"参数

图 3-37　删除填充部分

9）将文字移到图片中，如图 3-38 所示。然后按〈Shift〉键，点选图片文字外围部分和字母中多余的部分，按〈Delete〉键将它们删除，最终结果如图 3-39 所示。

图 3-38　将文字移到图片中

图 3-39　删除多余的部分

提示：在将文字线框移到图片中之前，必须先将图片分离成图形，否则文字将被放置到图片的下层而无法看到。另外，文字不能直接写入图片中，如果直接在图片中编辑文字，则文字的填充部分被删除后将显示蓝色的背景，而不显示彩色图片。

3.5 铬金属文字

 要点

本例将制作文字边线和填充具有不同填充色的铬金属文字，如图 3-40 所示。通过本例的学习，读者应掌握对文字边线和填充施加不同渐变色的方法。

图 3-40　铬金属文字

操作步骤

1）启动 Animate CC 2017 软件，新建一个 ActionScript 3.0 文件。

2）执行菜单中的"修改 | 文档"（组合键〈Ctrl+J〉）命令，在弹出的"文档设置"对话框中设置舞台颜色为深蓝色（#000066），舞台大小为550 像素×200 像素，如图 3-41 所示，然后单击"确定"按钮。

3）选择工具箱上的 T （文本工具），然后在"属性"面板中设置参数，如图 3-42 所示，接着在工作区中单击鼠标，输入文字"CHROME"。

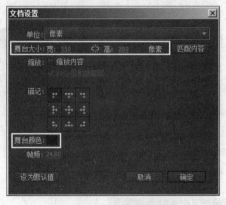

图 3-41　设置文档属性

图 3-42　设置文字属性

4）调出"对齐"面板，将文字中心对齐，结果如图 3-43 所示。

5）执行菜单中的"修改 | 分离"（组合键〈Ctrl+B〉）命令两次，将文字分离为图形。

6）对文字进行描边处理。单击工具箱上的 （墨水瓶工具），将笔触颜色设置为 ，然后依次单击文字边框，使文字周围出现黑白渐变边框，如图 3-44 所示。

图 3-43　将文字中心对齐

图 3-44　对文字进行描边处理

7）此时选中的为文字填充部分，为便于对文字填充和线条区域分别进行操作，下面将填充区域转换为元件。方法：执行菜单中的"修改｜转换为元件"（组合键〈F8〉）命令，在弹出的"转换为元件"对话框中输入元件名称 fill，如图 3-45 所示，然后单击"确定"按钮，进入 fill 元件的影片剪辑编辑模式，如图 3-46 所示。

图 3-45　输入元件名称

图 3-46　转换为元件

8）对文字边框进行处理。按〈Delete〉键删除 fill 元件，然后利用 ，框选所有的文字边框，并在"属性"面板中将"笔触"改为 5，结果如图 3-47 所示。

　　提示：由于将文字填充区域转换为元件，因此虽然暂时删除了它，但以后还可以从"库"面板中随时调出 fill 元件。

9）此时黑 - 白渐变是针对每一个字母的，这是不正确的。为了解决这个问题，下面选择工具栏上的 ，在文字边框上单击，从而对所有的字母边框进行一次统一的黑 - 白渐变填充，如图 3-48 所示。

图 3-47　将笔触高度改为 5

图 3-48　对字母边框进行统一渐变填充

10）此时渐变方向为从左到右，而我们需要的是从上到下，为了解决这个问题，需要使用工具箱上的 处理渐变方向，结果如图 3-49 所示。

图 3-49　调整文字边框渐变方向

11）对文字填充部分进行处理。执行菜单中的"窗口 | 库"（组合键〈Ctrl+L〉）命令，调出"库"面板，如图 3-50 所示。然后双击 fill 元件，进入影片剪辑编辑状态。接着选择工具箱上的 （颜料桶工具），设置填充色为 ，对文字进行填充，如图 3-51 所示。

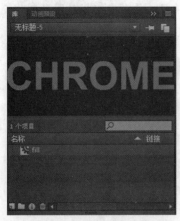

图 3-50　调出"库"面板

图 3-51　对文字进行填充

12）使用工具箱上的 （颜料桶工具），对文字进行统一的渐变颜色填充，如图 3-52 所示。

13）使用工具箱上的 （渐变变形工具）处理文字渐变，如图 3-53 所示。

图 3-52　对文字进行统一的渐变颜色填充　　　　　图 3-53　调整文字填充渐变方向

14）单击 场景 1 按钮，从弹出的下拉菜单中选择"场景 1"（组合键〈Ctrl+E〉）命令，返回"场景 1"编辑模式。

15）将库中的 fill 元件拖到工作区中。

16）选择工具箱上的 （选择工具），将调入的 fill 元件拖动到文字边框的中间，结果如图 3-54 所示。

图 3-54　将文字填充和边框部分进行组合

17）执行菜单中的"控制 | 测试"（组合键〈Ctrl+Enter〉）命令，即可看到效果。

3.6 盛开的花朵

要点

本例将制作花朵盛开的效果，如图 3-55 所示。通过本例的学习，读者应掌握对图形制作变形过渡动画的方法。

图 3-55　盛开的花朵

操作步骤

1）启动 Animate CC 2017 软件，新建一个 ActionScript 3.0 文件。

2）执行菜单中的“修改 | 文档”（组合键〈Ctrl+J〉）命令，在弹出的“文档设置”对话框中设置舞台颜色为浅绿色（#00FF00），然后单击“确定”按钮。

3）选择工具箱上的 （椭圆工具），设置笔触颜色为 ，填充为浅绿色（#00FF00），然后按住键盘上的〈Shift〉键，在工作区中创建一个“宽”和“高”均为 160 的正圆形。

提示：不用激活“图形绘制”按钮。

4）执行菜单中的“窗口 | 对齐”（组合键〈Ctrl+K〉）命令，调出“对齐”面板，将圆形中心对齐工作区中心，结果如图 3-56 所示。

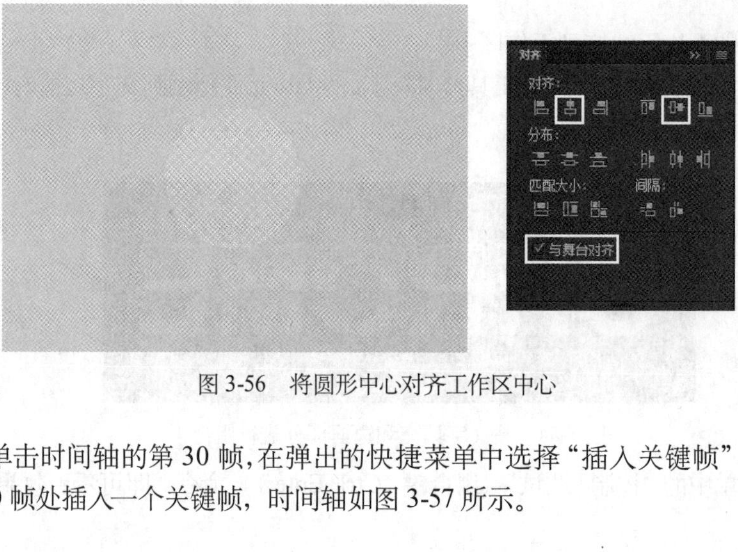

图 3-56　将圆形中心对齐工作区中心

5）右键单击时间轴的第 30 帧，在弹出的快捷菜单中选择“插入关键帧”（快捷键〈F6〉）命令，在第 30 帧处插入一个关键帧，时间轴如图 3-57 所示。

图 3-57　在第 30 帧处插入一个关键帧

6）选择工具箱上的▦（任意变形工具），调整工作区中的圆形，结果如图 3-58 所示。然后在"变形"面板中确认↔和↕均为 100%，如图 3-59 所示，接着在工作区中将变形后的圆形轴心点移到下方位置，如图 3-60 所示。

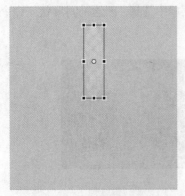

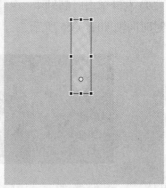

图 3-58　调整圆形形状　　　　图 3-59　设置变形参数　　　　图 3-60　调整圆形轴心点位置

7）在"变形"面板中设置旋转角度为 30°，如图 3-61 所示，然后单击▣（重制选区和变形）按钮 11 次，制作出花朵图形。接着使用"对齐"面板将其中心对齐，如图 3-62 所示。

图 3-61　设置旋转角度为 30°　　　　　　图 3-62　将花朵图形中心对齐

8）在"颜色"面板中调出红 - 黄径向渐变，如图 3-63 所示，然后填充花朵图形，结果如图 3-64 所示。

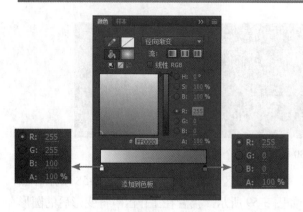

图 3-63　调出红 - 黄径向渐变　　　　　图 3-64　填充花朵图形后的效果

9）右键单击时间轴中"图层 1"的第 1 帧，从弹出的快捷菜单中选择"创建补间形状"命令，此时时间轴如图 3-65 所示。

图 3-65　时间轴分布

10）执行菜单中的"控制 | 测试"（组合键〈Ctrl+Enter〉）命令，打开播放器窗口，可以看到花朵盛开的效果。

3.7　运动的文字

 要点

本例将制作彩虹文字从左方旋转着运动到右方消失，然后再从右方直线运动到左方重现的效果，如图 3-66 所示。通过本例的学习，读者应掌握翻转帧、创建传统补间动画的方法。

图 3-66　运动的文字

操作步骤

1）启动 Animate CC 2017 软件，新建一个 ActionScript 3.0 文件。

2）执行菜单中的"修改｜文档"（组合键〈Ctrl+J〉）命令，在弹出的"文档设置"对话框中设置舞台颜色为深蓝色（#000066），舞台大小为 550 像素 ×250 像素，如图 3-67 所示，然后单击"确定"按钮。

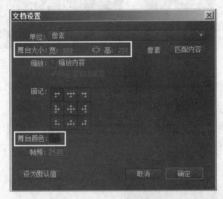

图 3-67　设置文档属性

3）选择工具箱上的 （文本工具），如图 3-68 所示设置参数，然后在工作区中单击鼠标，输入文字"Flash 动画技术推动动漫产业发展 "，结果如图 3-69 所示。

图 3-68　设置文本属性　　　　　　　　　　　　图 3-69　输入文字

4）执行菜单中的"修改｜分离"（组合键〈Ctrl+B〉）命令两次，将文字分离为图形。

5）选择工具箱上的 （颜料桶工具），设置填充色为 （彩虹渐变），对文字进行填充，结果如图 3-70 所示。

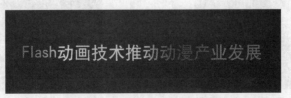

图 3-70　对分离为图形的文字进行填充后的效果

6）执行菜单中的"修改 | 转换为元件"（快捷键〈F8〉）命令，在弹出的"转换为元件"对话框中设置参数，如图 3-71 所示，然后单击"确定"按钮，结果如图 3-72 所示。

提示：将文字转换为元件的目的是后面创建传统补间动画。

图 3-71 "转换为元件"对话框 　　　　　图 3-72 转换为元件效果

7）右键单击"图层 1"的第 30 帧，从弹出的快捷菜单中选择"插入关键帧"（快捷键〈F6〉）命令，插入一个关键帧。然后利用 （选择工具）向右移动"text"元件，如图 3-73 所示。

8）右键单击时间轴中"图层 1"的第 1 帧，从弹出的快捷菜单中选择"创建传统补间"命令，此时时间轴如图 3-74 所示。按〈Enter〉键预览动画，可以看到文字从左向右运动。

图 3-73 在第 30 帧向右移动文本 　　　　　图 3-74 创建传统补间动画

9）制作文字旋转效果。单击"图层 1"的第 1 帧，然后在"属性"面板中设置参数，如图 3-75 所示。

10）制作文字在第 30 帧消失的效果。单击"图层 1"的第 30 帧，然后选择工作区中的文字，在"属性"面板中设置 Alpha 的数值为 0%，如图 3-76 所示。

图 3-75 设置第 1 帧的属性 　　　　　图 3-76 设置第 30 帧的属性

11）制作文字从右向左逐渐显现的效果。选择"图层 1"，从而选中该图层上的所有帧，然后单击鼠标右键，从弹出的快捷菜单中选择"复制帧"命令。接着单击时间轴中的 (新建图层)按钮，新建一个"图层 2"，再右键单击"图层 2"的第 30 帧，从弹出的快捷菜单中选择"粘贴帧"命令，此时时间轴分布如图 3-77 所示。

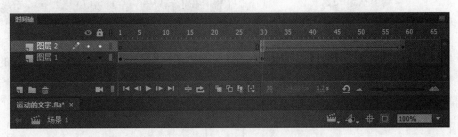

图 3-77　时间轴分布

12）同时选择"图层 2"第 30～59 帧，然后右键单击，从弹出的快捷菜单中选择"翻转帧"命令。此时按〈Enter〉键预览动画，可以看到文字从右向左直线运动并逐渐显现的效果。

13）至此，运动的文字制作完毕。下面执行菜单中的"控制｜测试"（组合键〈Ctrl+Enter〉）命令，打开播放器窗口，即可看到文字从左旋转着向右运动并逐渐消失，然后又从右向左直线运动并逐渐显现的效果。

3.8　弹跳的小球

要点

本例将制作小球落下时加速，弹起时减速的效果，如图 3-78 所示。通过本例的学习，读者应掌握利用"缓动"值来调整动画中加速和减速的方法。

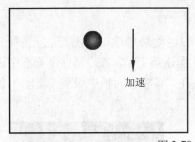
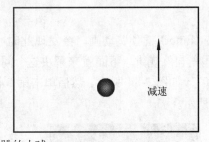

图 3-78　弹跳的小球

操作步骤

1）启动 Animate CC 2017 软件，新建一个 ActionScript 3.0 文件。

2）选择工具箱上的 （椭圆工具），设置笔触颜色为 ，填充色为绿 - 黑放射状渐变，然后配合键盘上的〈Shift〉键在工作区中绘制一个正圆形，如图 3-79 所示。

3）选中小球，执行菜单中的"修改｜转换为元件"（快捷键〈F8〉）命令，在弹出的"转换为元件"对话框中设置参数，如图 3-80 所示，然后单击"确定"按钮。

图 3-79　绘制正圆形

图 3-80　转换为"ball"元件

4）在工作区中调整小球的位置，如图 3-81 所示。然后分别右键单击"图层 1"的第 5 帧和第 10 帧，从弹出的快捷菜单中选择"插入关键帧"（快捷键〈F6〉）命令，插入两个关键帧。接着调整第 5 帧中小球的位置，如图 3-82 所示。

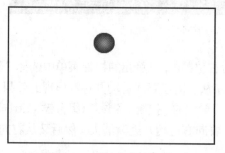

图 3-81　调整小球的位置

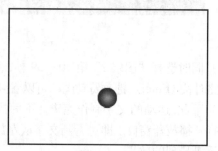

图 3-82　调整第 5 帧中小球的位置

5）选择时间轴中的"图层 1"，然后在右侧帧控制区中单击鼠标右键，从弹出的快捷菜单中选择"创建传统补间"命令，此时时间轴分布如图 3-83 所示。

图 3-83　时间轴分布

6）按〈Enter〉键预览动画，会发现此时小球的运动是匀速的，不符合"落下时加速，弹起时减速"的自然规律，下面就来解决这个问题。单击第 1 帧，在"属性"面板中设置"缓动"值为"–100"，如图 3-84 所示；然后单击第 5 帧，在"属性"面板中设置"缓动"值为"100"，如图 3-85 所示。

图 3-84　在第 1 帧设置缓动值为"–100"

图 3-85　在第 5 帧设置缓动值为"100"

7）至此，整个动画制作完成。执行菜单中的"控制｜测试"（组合键〈Ctrl+Enter〉）命令打开播放器，即可看到小球落下时加速，弹起时减速的动画效果。

3.9 字母变形

本例将制作红色字母 A 到黄色字母 B，再到蓝色字母 C，再到紫色字母 D，最后回到红色字母 A 的字母变形动画，如图 3-86 所示。通过本例的学习，读者应掌握"创建补间形状"和"创建传统补间"动画的综合应用。

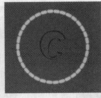

图 3-86　字母变形效果

操作步骤

1）启动 Animate CC 2017 软件，新建一个 ActionScript 3.0 文件。

2）执行菜单中的"修改｜文档"（组合键〈Ctrl+J〉）命令，在弹出的"文档设置"对话框中设置舞台颜色为浅蓝色（#3366FF），舞台大小为 550 像素 ×400 像素，然后单击"确定"按钮。

3）绘制字母外旋转的圆环。选择工具箱上的 ▇（椭圆工具），设置笔触颜色为浅绿色（#00FF00），笔触高度为 8，填充色为▇，如图 3-87 所示。然后单击▇（编辑笔触样式）按钮，在弹出的"笔触样式"对话框中设置参数，如图 3-88 所示，单击"确定"按钮。

图 3-87　设置填充和笔触颜色

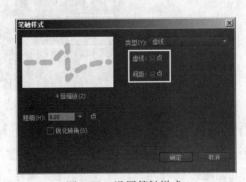

图 3-88　设置笔触样式

4）在工作区中拖动出一个圆形，然后选中圆形，在"属性"面板中设置大小，如图 3-89 所示。接着利用"对齐"面板将圆形中心对齐，结果如图 3-90 所示。

5）选中圆形，执行菜单中的"修改｜形状｜将线条转换为填充"命令，然后执行菜单中的"修改｜形状｜柔化填充边缘"命令，在弹出的对话框中设置参数，如图 3-91 所示，再单击"确定"按钮，结果如图 3-92 所示。

图 3-89　设置圆形大小

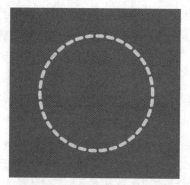

图 3-90　将圆形中心对齐

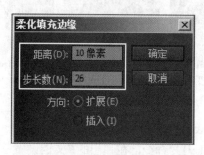

图 3-91　设置"柔化填充边缘"参数

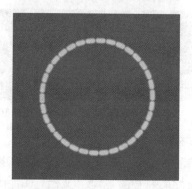

图 3-92　"柔化填充边缘"效果

6）选中柔化后的圆圈，执行菜单中的"修改 | 转换为元件"（快捷键〈F8〉）命令，在弹出的对话框中输入元件的名称为"环"，如图 3-93 所示，接着单击"确定"按钮，这时圆形和柔化边框被转换成了"环"图形元件。

图 3-93　转换为"环"形元件

7）右键单击时间轴中"图层 1"的第 40 帧，在弹出的快捷菜单中选择"插入关键帧"（快捷键〈F6〉）命令，插入关键帧。然后右键单击"图层 1"的第 1 帧，在弹出的快捷菜单中选择"创建传统补间"命令。接着在"属性"面板中设置"旋转"为"顺时针"，次数为 1，如图 3-94 所示。

8）按〈Enter〉键预览动画，此时圆环会顺时针旋转一周。

9）制作字母变形的动画。单击时间轴下方的 ▣（新建图层）按钮，在"图层 1"的上方增加一个"图层 2"。

10）选择工具箱上的 ▣（文本工具），然后在"属性"面板中设置字体"系列"为"Arial"，

"样式"为"Bold"，"大小"为"160"，"颜色"为红色 (#FF0000)，如图 3-95 所示，接着在工作区中输入字母"A"，最后使用"对齐"面板将文字在水平和垂直方向上中心对齐。

图 3-94　设置传统补间动画

图 3-95　设置文本属性

11）按〈Ctrl+B〉组合键，将文字分离为图形，如图 3-96 所示。

12）在"图层 2"的第 10 帧处，按快捷键〈F7〉插入空白关键帧，如图 3-97 所示。

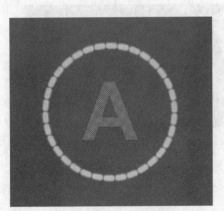

图 3-96　将文字分离为图形

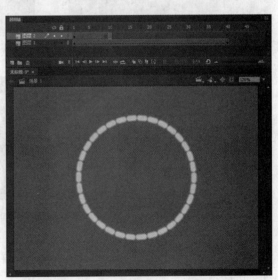

图 3-97　第 10 帧处插入空白关键帧

13）选择工具箱上的 T（文本工具），在"属性"面板中设置字体"颜色"为明黄色(#FFFF00)，设置其他参数与字母 A 相同，然后在工作区中输入字母 B。

14）同理，将字母 B 的中心与"环"元件中心对齐，并将它分离为图形，结果如图 3-98 所示。

15）分别在"图层 2"的第 20 帧和第 30 帧按快捷键〈F7〉（插入空白关键帧），插入空白关键帧，然后分别输入蓝色的字母"C"和紫色的字母"D"，并将它们与"环"元件的中心对齐，然后将它们分离为图形。

16）右键单击"图层 2"的第 1 帧，然后从弹出的快捷菜单中选择"复制帧"命令，接着右键单击"图层 2"的第 40 帧，从弹出的快捷菜单中选择"粘贴帧"命令，结果如图 3-99 所示。

17）单击"图层 2"，选中该层的所有帧，然后在右侧帧操作区中单击鼠标右键，从弹出的快捷菜单中选择"创建补间形状"命令，此时时间轴分布如图 3-100 所示。

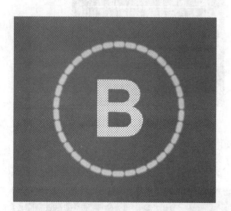
图 3-98 　在第 10 帧输入字母 B 并分离为图形

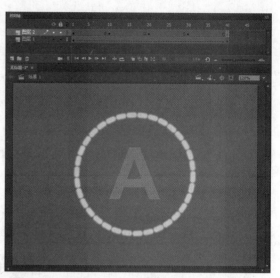
图 3-99 　将"图层 2"的第 1 帧粘贴到第 40 帧

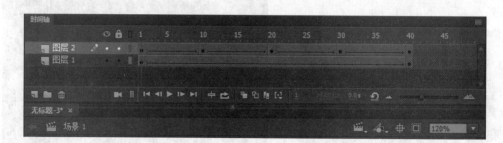
图 3-100 　时间轴分布

18）执行菜单中的"控制 | 测试"（组合键〈Ctrl+Enter〉）命令，打开播放器窗口，即可看到字母变形的效果。

提示：绿色的圆环必须转换为元件后才能加入旋转效果。另外，变形必须在图形之间进行，所以所有字母都必须分离为图形。

3.10　镜头的应用

要点

本例将制作飞机从左上方飞入舞台，然后旋转着冲向镜头，再掉头逐渐飞远的不同效果，如图 3-101 所示。通过本例的学习，读者应掌握影视中的镜头语言与 Flash 中动画补间的综合应用。

图 3-101　飞机飞行的不同镜头效果

操作步骤

1）执行菜单中的"文件 | 打开"命令，打开"打开"对话框，打开网盘中的"素材及结果 \3.10 镜头的应用 \ 飞机 - 素材 .fla"文件。

2）从"库"面板中将"背面""侧面""正面"和"天空"元件拖入舞台，然后同时在舞台中选择这 4 个元件，单击鼠标右键，从弹出的快捷菜单中选择"分散到图层"命令，此时 4 个元件会被分散到 4 个不同的图层上，并根据元件的名称自动命名其所在的图层，如图 3-102 所示。

3）删除多余的"图层 1"。选择"图层 1"，单击 🗑 按钮，即可将其进行删除，此时时间轴分布如图 3-103 所示。

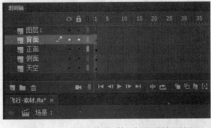
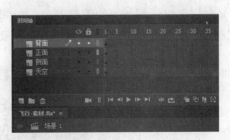

图 3-102　将元件分散到不同的图层　　　图 3-103　删除"图层 1"时间轴分布

4）设置舞台大小与"天空"元件等大。执行菜单中的"修改 | 文档"命令，然后在弹出的"文档设置"对话框中单击"匹配内容"按钮，如图 3-104 所示，接着单击"确定"按钮。

5）同时选中 4 个图层的第 135 帧，按快捷键〈F5〉，插入普通帧，从而使 4 个图层的总长度延长到第 135 帧。

6）制作飞机从远方逐渐飞进的效果。为了便于操作，下面隐藏"背面"和"正面"图层。在"侧面"图层的第 70 帧，按快捷键〈F6〉，插入关键帧。然后在第 1 帧，将工作区中的"侧面"元件移动到舞台左上角，并适当缩小，如图 3-105 所示。接着在第 70 帧，将工作区中的"侧面"元件移动到舞台右侧中间部分，并适当放大和旋转一定角度，如图 3-106 所示。再单击"侧面"

图层第 1～69 帧之间的任意一帧，从弹出的快捷菜单中选择"创建传统补间"命令。此时播放动画即可看到飞机从远方逐渐飞近的效果。

图 3-104　"文档设置"对话框

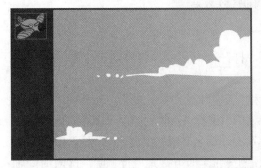

图 3-105　第 1 帧飞机的位置

图 3-106　第 70 帧飞机的位置

7）制作飞机逐渐加速的效果。单击时间轴"侧面"图层的第 1 帧，然后在"属性"面板中将"缓动"设置为"-100"，如图 3-107 所示，此时播放动画即可看到飞机逐渐加速的效果。

图 3-107　将"缓动"设置为"-100"

8）在"侧面"图层的第 71 帧，按快捷键〈F7〉，插入空白关键帧，此时时间轴分布如图 3-108 所示。

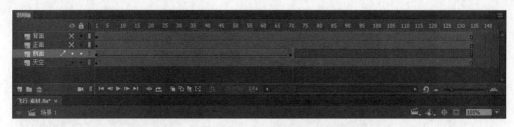

图 3-108　"侧面"图层时间轴分布

9）制作飞机旋转着加速冲向镜头的效果。显现"正面"图层，然后将"正面"图层的第 1 帧移动到第 75 帧，再调整"正面"元件的位置和大小，如图 3-109 所示。接着在第 95 帧按快捷键〈F6〉，插入关键帧，再利用"对齐"面板将"正面"元件居中对齐，如图 3-110 所示。最后单击"正面"图层第 75 ~ 94 帧之间的任意一帧，从弹出的快捷菜单中选择"创建传统补间"命令。再单击"正面"图层的第 75 帧，将"属性"面板中的"缓动"设置为"-100"。

图 3-109　第 75 帧飞机的位置

图 3-110　第 95 帧飞机的位置

10）在"正面"图层的第 96 帧，按快捷键〈F7〉，插入空白关键帧，此时时间轴分布如图 3-111 所示。

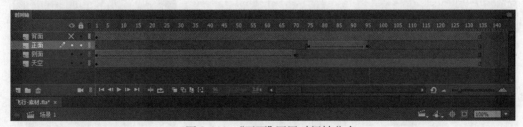

图 3-111　"正面"图层时间轴分布

11）制作飞机掉头逐渐飞远的效果。显现"背面"图层，然后将"背面"图层的第 1 帧移动到第 96 帧，再调整"背面"元件的位置和大小，如图 3-112 所示。接着在第 135 帧处按快捷键〈F6〉，插入关键帧，再调整"背面"元件的位置和大小，如图 3-113 所示。最后单击"背面"图层第 96 ~ 134 帧之间的任意一帧，从弹出的快捷菜单中选择"创建传统补间"命令，此时时间轴分布如图 3-114 所示。

12）执行菜单中的"控制 | 测试"（组合键〈Ctrl+Enter〉）命令，就可以看到飞机从左上方飞入舞台，然后旋转着冲向镜头，再掉头逐渐飞远的效果。

图 3-112　在第 1 帧调整"背面"元件的位置和大小

图 3-113　调整"背面"元件的位置和大小

图 3-114　"背面"图层时间轴分布

3.11　人物行走动画

要点

本例将制作人物行走动画，如图 3-115 所示。通过本例的学习，读者应掌握逐帧动画、利用参考线将图形精确定位和交换元件的使用。

图 3-115　人物行走动画

操作步骤

1. 制作人物原地行走动画

1) 执行菜单中的"文件 | 打开"命令，打开网盘中的"素材及结果 \3.11　制作人物行走动画 \ 行走 - 素材 .fla"文件。

2) 新建"动作"图形元件。执行菜单中的"插入 | 新建元件"命令，在弹出的对话框中如图 3-116 所示设置，单击"确定"按钮，进入"动作"图形元件的编辑状态。

3) 在"动作"图形元件中，从"库"面板中将"姿态"文件夹中的"姿态 1"图形元件拖入工作区中，如图 3-117 所示，然后利用"对齐"面板将其居中对齐，如图 3-118 所示。

4) 在第 3 帧，按快捷键〈F6〉，插入关键帧。然后右键单击舞台中的"姿态 1"元件，从弹出的快捷菜单中选择"交换元件"命令，在弹出的对话框中选择"姿态 2"，如图 3-119 所示，单击"确定"按钮。

提示：利用"交换元件"命令，可以将同一类型的元件进行交换，而不会发生位置的偏移。

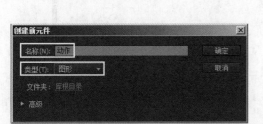

图 3-116 新建"动作"图形元件　　图 3-117 将"姿态 1"图形元件拖入工作区

图 3-118 将"姿态 1"居中对齐　　图 3-119 交换元件

5) 同理，分别在第 5、7、9、11、13、15、17、19、21、23 帧，按快捷键〈F6〉，插入关键帧。然后逐帧将这些帧中的元件替换为"姿态 3"到"姿态 12"图形元件。接着在第 24 帧，按快捷键〈F5〉，插入普通帧。此时时间轴分布如图 3-120 所示。

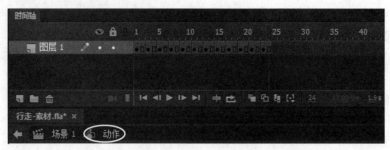

图 3-120　"动作"图形元件时间轴分布

2. 制作人物向前行进的一个动作循环

1) 新建"循环"图形元件。执行菜单中的"插入 | 新建元件"命令，在弹出的对话框中如图 3-121 所示设置，单击"确定"按钮，进入"循环"图形元件的编辑状态。然后从"库"面板中将"动作"元件拖入舞台中。

2) 执行菜单中的"视图 | 标尺"命令，调出标尺，然后从标尺处拉出水平和垂直两条辅助线，使两条辅助线的交叉处与右脚脚尖对齐，如图 3-122 所示。

图 3-121　新建"循环"图形元件　　　　图 3-122　使两条参考线的交叉处与右脚脚尖对齐

3) 在第 3 帧处按快捷键〈F6〉，插入关键帧。然后向左移动元件，保持右脚脚尖与两条辅助线的交叉处对齐，如图 3-123 所示。再拉出一条辅助线与左脚脚尖对齐，如图 3-124 所示。

图 3-123　在第 3 帧保持右脚脚尖与辅助线交叉处对齐　　　　图 3-124　拉出一条辅助线与左脚脚尖对齐

4）同理，分别在第 5、7、9、11、13、15 帧，按快捷键〈F6〉，插入关键帧。然后根据参考线的位置逐帧适当向前移动"动作"元件，如图 3-125 所示，从而使角色在向前行进时保持左脚不在地面滑动。

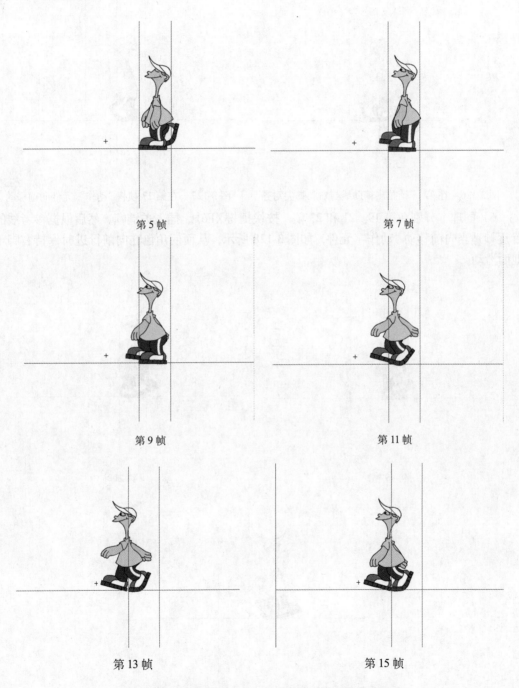

第 5 帧　　　　　　　　　　　　　　　第 7 帧

第 9 帧　　　　　　　　　　　　　　　第 11 帧

第 13 帧　　　　　　　　　　　　　　　第 15 帧

图 3-125　使角色在向前行进时保持左脚不在地面滑动

5）在第 15 帧，拉出一条辅助线与右脚脚尖对齐，如图 3-126 所示。然后在第 17 帧按快捷键〈F6〉，插入关键帧，将"动作"元件向前移动，如图 3-127 所示。

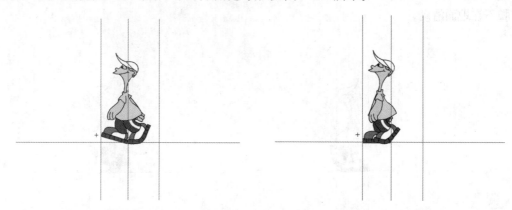

图 3-126　在第 15 帧拉出辅助线与右脚脚尖对齐　　　图 3-127　在第 17 帧将"动作"元件向前移动

6）同理，分别在第 19、21 和 23 帧，按快捷键〈F6〉，插入关键帧。然后根据参考线的位置逐帧适当向前移动"动作"元件，如图 3-128 所示，从而使角色在向前行进时保持右脚不在地面滑动。

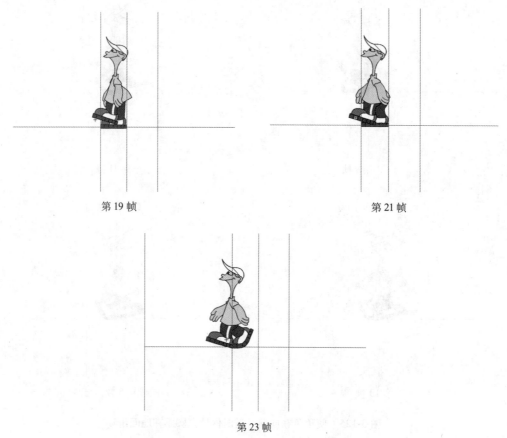

第 19 帧　　　　　　　　　　　　　　　　　　第 21 帧

第 23 帧

图 3-128　使角色在向前行进时保持右脚不在地面滑动

7）在第 24 帧按快捷键〈F5〉，插入普通帧，此时时间轴分布如图 3-129 所示。

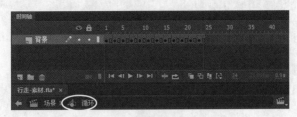

图 3-129 "循环"图形元件时间轴分布

3. 添加背景

1）单击时间轴上方的 按钮，回到"场景 1"，从"库"面板中将"bg.png"图片拖入舞台中。然后执行菜单中的"修改 | 文档"（组合键〈Ctrl+J〉）命令，在弹出的"文档设置"对话框中单击"匹配内容"按钮，如图 3-130 所示，从而将舞台大小与"bg.png"图片等大，接着单击"确定"按钮。最后将"图层 1"重命名为"背景"，此时"场景 1"舞台显示效果如图 3-131 所示。

图 3-130 设置文档属性

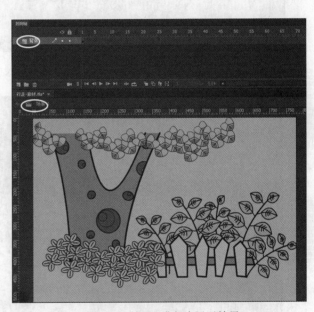

图 3-131 "场景 1"舞台显示效果

2）新建"循环"图层，然后从"库"面板中将"循环"图形元件拖入场景，并放置到舞台右侧，如图 3-132 所示。接着同时选择"背景"和"循环"图层，在第 96 帧，按快捷键〈F5〉，插入普通帧，从而使两个图层的总长度延长到第 96 帧。

3）按〈Enter〉键，播放动画，会发现人物到达第 25 帧后又会返回第 1 帧的位置，这是因为只做了一个动作循环，下面就来解决这个问题。在第 24 帧拉出辅助线与右脚脚尖对齐，如图 3-133 所示。然后在第 25 帧，按快捷键〈F6〉，插入关键帧，并将"循环"元件向左移动，使右脚脚尖与参考线交叉处对齐，如图 3-134 所示。

图 3-132 将"循环"图形元件拖入场景，并放置到舞台右侧

图 3-133 在第 24 帧拉出辅助线与右脚脚尖对齐

图 3-134　在第 25 帧将"循环"元件向左移动

　　4）同理,分别在第 48 帧和第 72 帧,拉出辅助线对齐右脚脚尖。然后在第 49 帧和第 73 帧,按快捷键〈F6〉,插入关键帧,并将"循环"元件向左移动,使右脚脚尖与参考线交叉处对齐,如图 3-135 所示。

a)

图 3-135　分别在第 49 帧和第 73 帧将"循环"元件向左移动

a) 在第 49 帧将"循环"元件向左移动

b)

图 3-135 分别在第 49 帧和第 73 帧将"循环"元件向左移动（续）
b）在第 73 帧将"循环"元件向左移动

5）执行菜单中的"控制 | 测试"（组合键〈Ctrl+Enter〉）命令，即可看到人物向前行进的动画效果。

3.12 课后练习

（1）制作工作区上跳动的文字效果，如图 3-136 所示。参数可参考网盘中的"课后练习 \3.12 课后练习 \ 练习 1\ 舞台效果 .fla"文件。

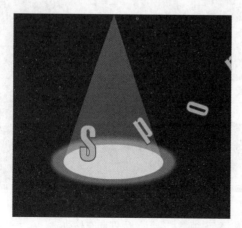

图 3-136 练习 1 效果

（2）制作闪烁的烛光动画效果，如图 3-137 所示。参数可参考网盘中的"课后练习 \3.12 课后练习 \ 练习 2\ 闪烁的烛光 .fla"文件。

图 3-137　练习 2 效果

第4章 高级动画

通过本章的学习，读者应掌握引导层动画和遮罩的具体应用。

4.1 光影文字

 要点

本例将制作动感十足的光影文字效果，如图 4-1 所示。通过本例的学习，读者应掌握包含 15 个以上颜色渐变控制点图形的创建方法以及蒙版的使用方法。

图 4-1 光影文字

操作步骤

1）启动 Animate CC 2017 软件，新建一个 ActionScript 3.0 文件。

2）执行菜单中的"修改|文档"（组合键〈Ctrl+J〉）命令，在弹出的"文档设置"对话框中设置舞台颜色为深蓝色（#000066），如图 4-2 所示设置其余参数，然后单击"确定"按钮。

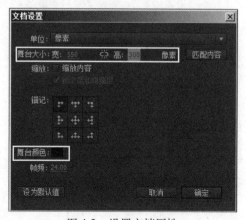

图 4-2 设置文档属性

3）选择工具箱上的 ▦（矩形工具），设置笔触颜色为 ◻，并设置填充为"白 - 黑 - 白 - 黑 - 白 - 黑 - 白 - 黑"8 色线性渐变，如图 4-3 所示。然后在工作区中绘制一个矩形，如图 4-4 所示。

图 4-3 设置渐变参数

图 4-4 绘制矩形

4）选择工具箱上的 （选择工具），选取绘制的矩形，然后同时按住〈Shift〉键和〈Alt〉键，用鼠标向左拖动选取的矩形，这时将复制出一个新的矩形，如图 4-5 所示。

5）执行菜单中的"修改 | 变形 | 水平翻转"命令,将复制后的矩形水平翻转,然后使用（选择工具）将翻转后的矩形与原来的矩形相接，结果如图 4-6 所示。

图 4-5 复制矩形

图 4-6 水平翻转矩形

6）框选两个矩形，执行菜单中的"修改 | 转换为元件"（快捷键〈F8〉）命令，在弹出的对话框中设置参数，如图 4-7 所示，然后单击"确定"按钮。此时连在一起的两个矩形被转换为"矩形"元件。

7）单击时间轴下方的 （新建图层）按钮，在"图层 1"的上方添加"图层 2"，如图 4-8 所示。

图 4-7 转换为"矩形"元件

图 4-8 添加"图层 2"

8）选择工具箱上的 T（文本工具），如图 4-9 所示设置参数，然后在工作区中单击鼠标，输入文字"数码"。

9）按组合键〈Ctrl+K〉，调出"对齐"面板，将文字中心对齐，结果如图 4-10 所示。

图 4-9　设置文本属性

图 4-10　将文字中心对齐

10）单击时间轴下方的 ■（新建图层）按钮，在"图层 2"的上方添加"图层 3"，如图 4-11 所示。

11）返回到"图层 2"，选中文字，然后执行菜单中的"修改|分离"（组合键〈Ctrl+B〉）命令两次，将文字分离为图形，如图 4-12 所示。接着执行菜单中的"编辑|复制"（组合键〈Ctrl+C〉）命令。

图 4-11　添加"图层 3"

图 4-12　将文字分离为图形

12）回到"图层 3"，执行菜单中的"编辑|粘贴到当前位置"（组合键〈Ctrl+Shift+ V〉）命令，此时"图层 3"将复制"图层 2"中的文字图形。

13）回到"图层 2"，执行菜单中的"修改|形状|柔化填充边缘"命令，在弹出的"柔化填充边缘"对话框中设置参数，如图 4-13 所示，然后单击"确定"按钮，结果如图 4-14 所示。

图 4-13　设置"柔化填充边缘"参数

图 4-14　"柔化填充边缘"效果

14）按住〈Ctrl〉键，依次单击时间轴中"图层 2"和"图层 3"的第 30 帧，然后按快捷键〈F5〉，使两个图层的帧数增加至 30 帧。

15）制作"矩形"元件的运动。单击时间轴中"图层 1"的第 1 帧，利用 ■（选择工具）向左移动"矩形"元件，如图 4-15 所示。

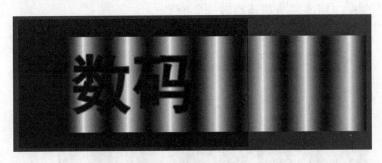

图 4-15 在第 1 帧向左移动"矩形"元件

16) 右键单击"图层 1"的第 30 帧，从弹出的快捷菜单中选择"插入关键帧"（快捷键〈F6〉）命令，在第 30 帧处插入一个关键帧。然后利用 （选择工具）向右移动"矩形"元件，如图 4-16 所示。

图 4-16 在第 30 帧向右移动"矩形"元件

17) 选择时间轴中的"图层 1"，然后在右侧帧控制区中单击鼠标右键，从弹出的快捷菜单中选择"创建传统补间"命令。这时，矩形将产生从左到右的运动变形。

18) 单击时间轴中"图层 3"的名称，从而选中该图层的文字图形。然后选择工具箱上的 （颜料桶工具），设置填充色为与前面矩形相同的"白 - 黑 - 白 - 黑 - 白 - 黑 - 白 - 黑"8 色线性渐变，接着在"图层 3"的文字图形上单击鼠标，这时文字图形将被填充为黑－白线性渐变，如图 4-17 所示。

图 4-17 对"图层 3"上的文字进行黑 - 白线性填充

19) 选择工具箱上的 （渐变变形工具），单击文字图形，这时文字图形的左右将出现两条竖线。然后将鼠标拖动到右方竖线上端的圆圈处，光标将变成 4 个旋转的小箭头，按住鼠标并将它向左方拖动，两条竖线将绕中心旋转，在将它们旋转到图 4-18 所示的位置时，释放鼠标。此时，文字图形的黑 - 白渐变填充将被旋转一个角度。

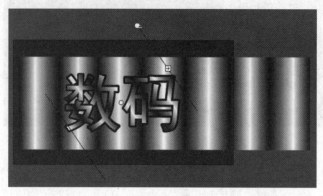

图 4-18　调整文字渐变方向

20）制作蒙版。用鼠标右键单击"图层 2"的名称栏，然后从弹出的快捷菜单中选择"遮罩层"命令，结果如图 4-19 所示。

21）执行菜单中的"控制 | 测试"（组合键〈Ctrl+Enter〉）命令，打开播放器窗口，可以看到文字光影变换的效果。此时时间轴分布如图 4-20 所示。

提示：在"图层 3"复制"图层 2"中的文字图形，是为了使"图层 2"转换成蒙版层后，"图层 3"中的文字保持显示状态，从而产生文字边框光影变换的效果。

图 4-19　遮罩效果

图 4-20　时间轴分布

4.2　结尾黑场动画

 要点

本例将制作动画片中常见的结尾黑场动画，如图 4-21 所示。通过本例的学习，读者应掌握利用"遮罩层"制作结尾黑场动画的方法。

图 4-21　结尾黑场动画

操作步骤

1）启动 Animate CC 2017 软件，新建一个 ActionScript 3.0 文件。

2）执行菜单中的"修改 | 文档"（组合键〈Ctrl+J〉）命令，在弹出的"文档设置"对话框中设置舞台颜色为黑色（#000000），文档尺寸为 800 像素 ×600 像素，如图 4-22 所示，然后单击"确定"按钮。

图 4-22　设置文档尺寸

3）执行菜单中的"文件 | 导入 | 导入到舞台"命令，导入网盘中的"素材及结果 \4.2 结尾黑场动画 \ 背景 .jpg"文件，并利用"对齐"面板将其居中对齐，如图 4-23 所示。

图 4-23　将图片居中对齐

4）选择"图层 1"的第 60 帧，按快捷键〈F5〉，插入普通帧，此时时间轴分布如图 4-24所示。

图 4-24　"图层 1"时间轴分布

5）单击时间轴下方的 （新建图层）按钮，新建"图层 2"。然后利用工具箱上的 █（椭圆工具），配合〈Shift〉键，绘制一个笔触颜色为 █，填充色为绿色（#00FF00）的正圆形，接着在"属性"面板中设置其"宽"和"高"均为 180，并调整位置如图 4-25 所示。

图 4-25　绘制正圆形

提示：为了便于观看圆形所在的位置，可以单击"图层 2"后面的 █ 颜色框，将圆形以 █（线框）方式进行显示，如图 4-26 所示。

6）执行菜单中的"修改 | 转换为元件（快捷键〈F8〉）"命令，然后在弹出的"转换为元件"对话框中设置参数，如图 4-27 所示，单击"确定"按钮，将其转换为图形元件。

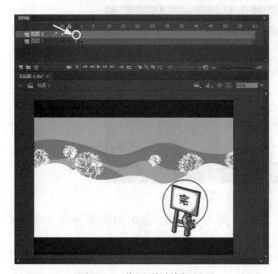

图 4-26　将圆形以线框显示

图 4-27　设置"转换为元件"参数

7）选择"图层 2"的第 35 帧，按快捷键〈F6〉，插入关键帧。

8）使用工具箱上的 █（任意变形工具），将第 1 帧的"圆形遮罩"元件放大，如图 4-28 所示。

9）在"图层 2"的第 1 帧和 35 帧之间单击鼠标右键，从弹出的快捷菜单中选择"创建传统补间"命令，此时时间轴分布如图 4-29 所示。然后按〈Enter〉键，播放动画，即可看到圆形从大变小的动画。

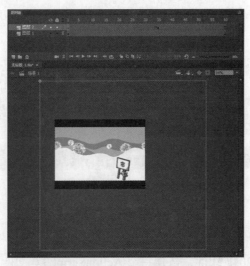

图 4-28　在第 1 帧将圆形元件放大

图 4-29　"图层 2"时间轴分布

10）右键单击"图层 2"，从弹出的快捷菜单中选择"遮罩层"命令，此时时间轴分布如图 4-30 所示。

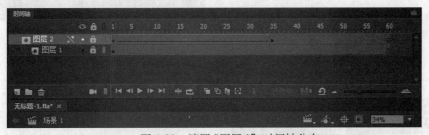

图 4-30　遮罩"图层 2"时间轴分布

11）按〈Enter〉键，播放动画，即可看到图片可视区域逐渐变小的效果。

12）至此，本例制作完成。执行菜单中的"控制 | 测试"（组合键〈Ctrl+Enter〉）命令，即可观看到结尾黑场动画效果。

4.3　转轴与手写效果

要点

本例将制作在音乐声中逐渐展开的画卷，当画卷完全展开后出现逐笔手写的文字效果，如

图 4-31 所示。通过本例的学习，读者应掌握图片和声音文件的导入、运动补间动画的创建及蒙版的使用方法。

图 4-31　转轴与手写效果

 操作步骤

1．创建"背景"元件

1）启动 Animate CC 2017 软件，新建一个 ActionScript 3.0 文件。

2）执行菜单中的"插入 | 新建元件"（组合键〈Ctrl+F8〉）命令，在弹出的"创建新元件"对话框中设置参数，如图 4-32 所示，然后单击"确定"按钮，进入"背景"元件的编辑状态。

3）执行菜单中的"文件 | 导入 | 导入到舞台"（组合键〈Ctrl+R〉）命令，导入网盘中的"素材及结果 \ 4.3 转轴与手写效果 \ 背景 .jpg"图片，结果如图 4-33 所示。

提示：创建"背景"元件的目的是以后改变"背景"图片的颜色。

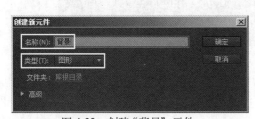

图 4-32　创建"背景"元件

图 4-33　导入图片

2．创建"转轴"元件

1）执行菜单中的"插入 | 新建元件"（组合键〈Ctrl+F8〉）命令，在弹出的"创建新元件"对话框中设置参数，如图 4-34 所示，然后单击"确定"按钮，进入"转轴"元件的编辑状态。

2）在"转轴"元件中，使用工具箱上的 ■（矩形工具）和 ◙（椭圆工具）绘制转轴，转轴两端填充如图 4-35 所示，中间填充如图 4-36 所示，结果如图 4-37 所示。

图 4-34　创建"转轴"元件

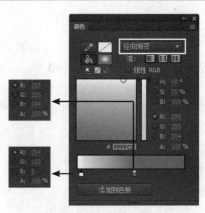

图 4-35　设置圆形填充色

图 4-36　设置矩形填充色

图 4-37　转轴效果

3. 创建"蒙版"元件

1) 执行菜单中的"插入 | 新建元件"（组合键〈Ctrl+F8〉）命令，在弹出的"创建新元件"对话框中设置参数，如图 4-38 所示，然后单击"确定"按钮，进入"蒙版"元件的编辑状态。

2) 在"蒙版"元件中，使用工具箱上的█（线条工具）绘制线段（颜色不限），参数设置及结果如图 4-39 所示。

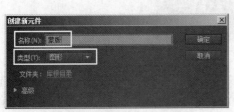

图 4-38　创建"蒙版"元件

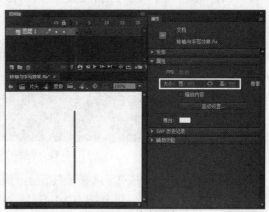

图 4-39　绘制线条

4．制作"卷标 C"元件

1）执行菜单中的"插入 | 新建元件"（组合键〈Ctrl+F8〉）命令，在弹出的"创建新元件"对话框中设置参数，如图 4-40 所示，然后单击"确定"按钮，进入"卷标 C"元件的编辑状态。

2）在"卷标 C"元件中，选择工具箱上的 ▣（矩形工具），设置笔触颜色为 ▱，填充为黄褐色（#FFCC99），在工作区中绘制一个宽度为 375 像素、高度为 180 像素的矩形，如图 4-41 所示。

图 4-40　创建"卷标 C"元件

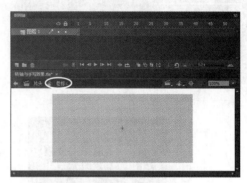

图 4-41　绘制矩形

3）新建"图层 2"图层，然后使用工具箱上的 ▨（线条工具），绘制画纸边缘的装饰线，结果如图 4-42 所示。

图 4-42　绘制装饰线

5．制作"手写字"元件

1）执行菜单中的"插入 | 新建元件"（组合键〈Ctrl+F8〉）命令，在弹出的"创建新元件"对话框中设置参数，如图 4-43 所示，然后单击"确定"按钮，进入"手写字"元件的编辑状态。

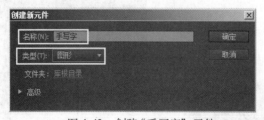

图 4-43　创建"手写字"元件

2）在"手写字"元件中，选择工具箱上的 ▣（文本工具），输入文字"将进酒"，然后选择菜单中的"修改 | 分离"（组合键〈Ctrl+B〉）命令两次，将文字分离为图形。接着利用工具箱上的 ▨（橡皮擦工具）逐帧处理文字，从而形成文字逐笔手写显现的效果，结果如图 4-44 所示。

图 4-44　制作文字逐笔手写显现的效果

3）为了使文字只播放一次，而不进行循环播放，需要在时间轴中点击"图层 1"的第 128 帧（最后一帧），在"动作"面板中输入语句：

    stop();

6．制作"卷标"元件

1）执行菜单中的"插入 | 新建元件"（组合键〈Ctrl+F8〉）命令，在弹出的"创建新元件"对话框中设置参数，如图 4-45 所示，然后单击"确定"按钮，进入"卷标"元件的编辑状态。

2）从"库"面板中将"卷标"元件拖入到"卷标 C"元件中，将"图层 1"命名为"画纸"。然后在"画纸"图层的第 50 帧单击鼠标右键，在弹出的快捷菜单中选择"插入帧"（快捷键〈F5〉）命令，将"画纸"图层延长到第 50 帧，结果如图 4-46 所示。

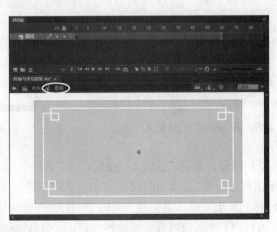

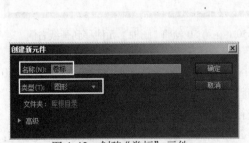

图 4-45　创建"卷标"元件　　　　图 4-46　在第 50 帧插入帧

3）新建"蒙版"图层，将"蒙版"元件拖入工作区并中心对齐，如图 4-47 所示。然后在第 50 帧单击鼠标右键，在弹出的快捷菜单中选择"插入关键帧"命令。接着使用工具箱上的 ▦（任意变形工具）将拖入的"蒙版"元件缩放到与画纸等大。最后在"蒙版"图层创建传统补间动画，结果如图 4-48 所示。

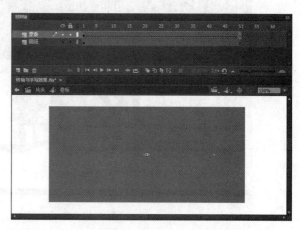

图 4-47　将"蒙版"元件拖入工作区并中心对齐　　　图 4-48　在第 50 帧将"蒙版"元件缩放到与画纸等大

4）新建"画轴 1"图层，将"画轴"元件拖入工作区并中心对齐，如图 4-49 所示。然后在第 50 帧单击鼠标右键，在弹出的快捷菜单中选择"插入关键帧"（快捷键〈F6〉）命令。接着将"画轴"元件移到画纸右侧。最后在"画轴 1"图层创建传统补间动画，结果如图 4-50 所示。

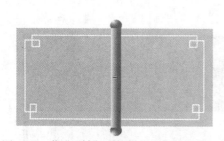

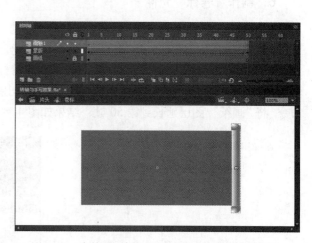

图 4-49　将"画轴"元件拖入工作区并中心对齐　　　图 4-50　在第 50 帧将"画轴"元件移到画纸右侧

5）同理，新建"画轴 2"图层，将"画轴"元件再次拖入工作区并中心对齐。然后在第 50 帧单击鼠标右键，在弹出的快捷菜单中选择"插入关键帧"（快捷键〈F6〉）命令。接着将"画轴"元件移到画纸左侧。最后在"画轴 2"图层创建传统补间动画，结果如图 4-51 所示。

6）为了使画轴展开后原地停止，下面单击"画轴 2"的第 50 帧，在"动作"面板中输入语句：

stop();

7）右键单击"蒙版"图层，从弹出的快捷菜单中选择"遮罩层"命令，此时时间轴分布如图 4-52 所示。

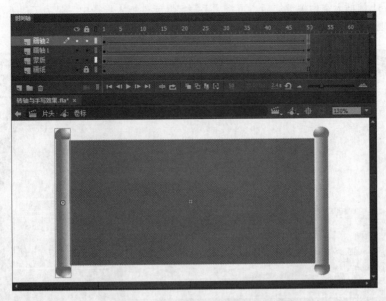

图 4-51　在第 50 帧将"画轴"元件移到画纸左侧

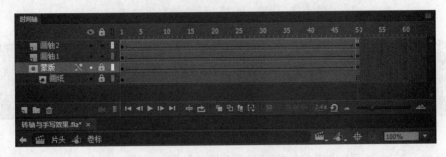

图 4-52　"卷标"元件的时间轴分布

7．合成场景

1）单击时间轴上方的 ▦ 场景1 按钮，回到"场景 1"。然后将"图层 1"重命名为"背景"，再从"库"面板中将"背景"元件拖入场景中，接着使用工具箱上的 ▦（任意变形工具），将其充满画面。最后在图层的第 235 帧单击鼠标右键，在弹出的快捷菜单中选择"插入帧"命令，将该层的帧数延长到第 235 帧。

2）改变背景的颜色。选中场景中的"背景"元件，在"属性"面板中设置"背景"元件的参数，如图 4-53 所示，此时"背景"元件的颜色发生了变化。

3）新建 music 图层，然后执行菜单中的"文件 | 导入 | 导入到舞台"(组合键〈Ctrl+R〉) 命令，导入网盘中的"素材及结果 \4.3 转轴与手写效果 \ 片头音乐 .wav"音乐文件。

4）新建"卷标"图层，将"卷标"元件拖入场景并中心对齐。

5）新建"手写字"图层，在第 51 帧单击鼠标右键，在弹出的快捷菜单中选择"插入空白关键帧"（快捷键〈F7〉）命令。然后将"库"面板中的"手写字"元件拖入场景中，此时时间轴分布如图 4-54 所示。

提示：在第 51 帧插入空白关键帧后，再将"手写字"元件拖入场景中，是为了使手写字在画卷展开
　　　后出现。

图 4-53　设置"背景"元件的高级属性

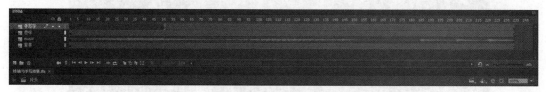

图 4-54　时间轴分布

6）至此，整个动画制作完成。执行菜单中的"控制 | 测试"（组合键〈Ctrl+Enter〉）命令
打开播放器，即可观看效果。

4.4　引导线动画

要点

本例将制作一个沿路径运动的小球，如图 4-55 所示。通过本例的学习，读者应掌握运动引
导层的使用方法。

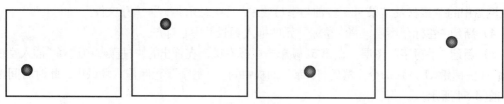

图 4-55　引导线动画

操作步骤

1）启动 Animate CC 2017 软件，新建一个 ActionScript 3.0 文件。

2）选择工具箱上的 ◎（椭圆工具），设置笔触颜色为 ⬜，填充颜色为黑 - 绿径向渐变，然后在工作区中绘制正圆形。

3）利用工具箱上的 ▶（选择工具）选中创建的正圆形，然后执行菜单中的"修改 | 转换为元件"命令，在弹出的"转换为元件"对话框中设置参数，如图 4-56 所示，接着单击"确定"按钮。

4）右键单击时间轴的第 30 帧，在弹出的快捷菜单中选择"插入关键帧"（快捷键〈F6〉）命令，从而在第 30 帧处插入一个关键帧。然后右键单击第 1 帧，从弹出的快捷菜单中选择"创建传统补间"命令，此时时间轴分布如图 4-57 所示。

图 4-56　将圆形转换为 ball 元件

图 4-57　时间轴分布

5）右键单击时间轴左侧的"图层 1"，从弹出的快捷菜单中选择"添加传统运动引导层"命令，添加引导层，如图 4-58 所示。

图 4-58　添加引导层

6）选择工具箱上的 ◎（椭圆工具），设置笔触颜色为黑色（#000000），填充颜色为 ⬜，然后在工作区中绘制椭圆形，结果如图 4-59 所示。

7）选择工具箱上的 ▶（选择工具），框选椭圆形的下方部分，然后按〈Delete〉键将其删除，结果如图 4-60 所示。

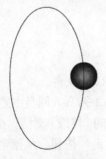

图 4-59　绘制椭圆形

图 4-60　删除椭圆形下方的部分

8）同理，绘制其余的 3 个椭圆形并删除下方部分。

9）使用工具箱上的 （选择工具），将 4 个椭圆相接。然后回到"图层 1"，在第 1 帧放置小球，如图 4-61 所示。接着在第 30 帧放置小球，如图 4-62 所示。

提示：每两个椭圆间只能有一个点相连接，如果相接的不是一个点而是一条线，则小球会沿直线运动，而不是沿圆形路径运动。

图 4-61　在第 1 帧放置小球　　　　　　　　图 4-62　在第 30 帧放置小球

10）执行菜单中的"控制 | 测试"（组合键〈Ctrl+Enter〉）命令，即可看到小球依次沿 4 个一半的椭圆运动的效果。

4.5　Banner 广告条动画

要点

本例将制作一个 Banner 广告条动画，如图 4-63 所示。通过本例的学习，读者应掌握半透明线条效果和遮罩层动画的综合应用。

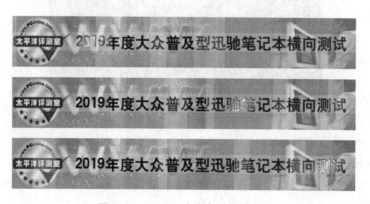

图 4-63　Banner 广告条动画效果

操作步骤

1．制作静态背景

1）启动 Animate CC 2017 软件，新建一个 ActionScript 3.0 文件。

2）制作背景。执行菜单中的"文件 | 导入 | 导入到舞台"命令，导入网盘中的"素材及结果 \4.5 Banner 广告条动画 \ 背景素材 .jpg"文件。然后执行菜单中的"修改 | 文档"命令，在弹出的对话框中单击"匹配内容"按钮，如图 4-64 所示，再单击"确定"按钮，从而创建一个与素材背景等大的文档，结果如图 4-65 所示。

图 4-64　单击"匹配内容"按钮

图 4-65　创建一个与素材背景等大的文档

3）将"图层 1"重命名为"背景"，然后在第 30 帧处按快捷键〈F5〉，插入普通帧，从而使时间轴的总长度延长到第 30 帧，如图 4-66 所示。

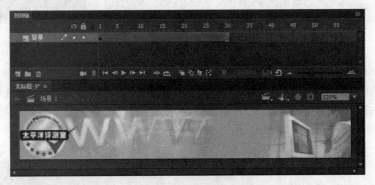

图 4-66　将时间轴的总长度延长到第 30 帧

4）制作半透明线条。新建"半透明"图层，然后选择工具箱上的■（矩形工具），设置笔触颜色为无色，填充色为白色，在舞台中绘制一个 550 像素 ×29 像素的矩形，接着在"对齐"面板中勾选"与舞台对齐"复选框后，单击■（垂直中齐）按钮，将其垂直居中对齐。最后在"颜色"面板中将其 Alpha 值设置为 30%，如图 4-67 所示，结果如图 4-68 所示。

图 4-67　将 Alpha 值设置为 30%

图 4-68　将矩形 Alpha 值设置为 30% 的效果

2．制作文字扫光效果

1）新建"文字"图层，然后使用工具箱上的 T（文字工具）在舞台中输入文字"2019 年度大众普及型迅驰笔记本横向测试"，字体为"汉仪大黑简"，字号为 25 磅，颜色为黑色，效果如图 4-69 所示。

图 4-69　输入文字

2）选择输入的文字，按组合键〈Ctrl+C〉进行复制，然后隐藏"文字"图层。接着新建"遮罩"图层，按组合键〈Ctrl+Shift+V〉进行原地粘贴。再按组合键〈Ctrl+ B〉两次，将文字分离为图形。最后执行菜单中的"修改|形状|扩展填充"命令，在弹出的"扩展填充"对话框中设置参数，如图 4-70 所示，单击"确定"按钮，结果如图 4-71 所示。

图 4-70　设置"扩展填充"参数　　　　　　图 4-71　"扩展填充"效果

3）按组合键〈Ctrl+F8〉，新建"扫光"影片剪辑元件。然后选择工具箱上的 □（矩形工具），设置笔触颜色为无色，在舞台中绘制一个 58 像素 ×125 像素的矩形，并在"颜色"面板中设置矩形渐变色为"白色（Alpha=0%）－白色（Alpha=100%）－白色（Alpha=0%）"，如图 4-72 所示，结果如图 4-73 所示。

4）在"遮罩"图层下方新建"扫光"图层，然后从"库"面板中将"扫光"元件拖入舞台中。再利用 ■（任意变形工具）对其进行适当旋转，如图 4-74 所示。接着分别在第 15 帧和第 30 帧按快捷键〈F6〉，插入关键帧，再将第 15 帧中的"光芒"元件移动到如图 4-75 所示的位置。最后在"光芒"图层创建传统补间动画。

图 4-74　对"扫光"元件进行适当旋转

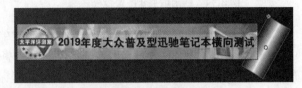

图 4-72　设置填充渐变色　　图 4-73　填充效果　　图 4-75　在第 15 帧移动"扫光"元件的位置

5）右键单击"遮罩"图层，从弹出的快捷菜单中选择"遮罩层"命令，然后重新显现"文字"图层，此时时间轴分布如图 4-76 所示。

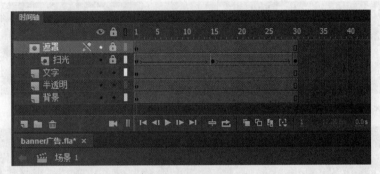

图 4-76　时间轴分布

6）按组合键〈Ctrl+Enter〉打开播放器，即可看到文字扫光效果，如图 4-77 所示。

 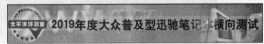

图 4-77　文字扫光效果

3．制作动态背景

1）为便于观看效果，下面在"属性"面板中将背景颜色改为黑色。

2）创建"光芒 1"元件。按组合键〈Ctrl+F8〉，新建"光芒 1"影片剪辑元件。然后选择工具箱上的 ▦ （矩形工具），设置笔触颜色为无色，填充色为白色，在工作区中绘制一个 25 像素 ×134 像素的矩形，并在"属性"面板中将其坐标值设置为 (−12.5, −67)，如图 4-78 所示。接着分别在第 10 帧、第 20 帧和第 30 帧处按快捷键〈F6〉，插入关键帧，再将第 10 帧中矩形的坐标设置为 (217.5, −67)，第 20 帧中矩形的坐标设置为 (357.5, −67)。最后在第 1 ～ 30 帧创建补间形状动画，此时时间轴分布如图 4-79 所示。

图 4-78　绘制矩形并设置属性　　　　　　图 4-79　"光芒 1"元件的时间轴分布

3）创建"光芒 2"元件。在"库"面板中右键单击"光芒 1"元件，然后在弹出的快捷菜单中选择"直接复制"命令，从而复制一个元件，并将其命名为"光芒 2"。接着分别将第 10 帧矩形的坐标设置为 (–312.5, –67)，第 20 帧矩形的坐标设置为 (–122.5, –67)。

4）单击 场景 1 按钮，回到"场景 1"。然后选择"光芒"图层，从"库"面板中将"光芒 1"和"光芒 2"元件拖入工作区中，接着通过复制和缩放的方法制作出随机的光芒效果，如图 4-80 所示。最后在"属性"面板中将这些元件的 Alpha 值设置为 30%，如图 4-81 所示。

图 4-80　随机的光芒效果

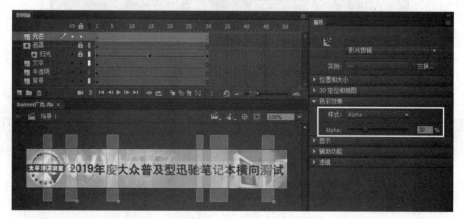

图 4-81　设置元件的 Alpha 值

5）至此，整个动画制作完毕。执行菜单中的"控制 | 测试"（组合键〈Ctrl+Enter〉）命令，打开播放器窗口，即可看到动画效果。

4.6　手机产品广告动画

 要点

本例将制作一个手机产品的宣传广告动画，如图 4-82 所示。通过本例的学习，读者应掌握图片的处理、淡入淡出动画、引导层动画和遮罩动画的综合应用。

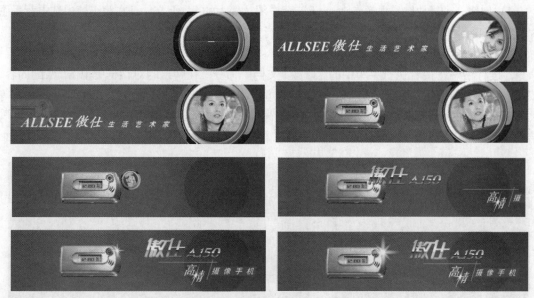

图 4-82　手机产品广告动画

 操作步骤

1. 制作背景

1）启动 Animate CC 2017 软件，新建一个 ActionScript 3.0 文件。

2）导入动画文件进行参考。执行菜单中的"文件 | 导入 | 导入到舞台"命令，导入网盘中的"素材及结果 \4.6 手机产品广告动画 \ 视频参考 .swf"动画文件，此时，"视频参考"动画会以逐帧的方式进行显示，如图 4-83 所示。

图 4-83　导入"视频参考 .swf"动画文件

3）执行菜单中的"文件 | 保存"命令，将其保存为"参考 .fla"。

4）创建一个尺寸与 "视频参考 .swf" 背景图片等大的 Flash 文件。在第 1 帧中选中背景图片，然后执行菜单中的"编辑 | 复制"命令，进行复制。

5）新建一个 Flash 文件（ActionScript 3.0），然后执行菜单中的"编辑 | 粘贴到当前位置"命令，进行粘贴。接着执行菜单中的"修改 | 文档"命令，在弹出的对话框中单击"匹配内容"按钮，如图 4-84 所示，单击"确定"按钮，即可创建一个尺寸与"视频参考 .swf" 背景图片等大的 Flash 文件，最后将"图层 1"重命名为"背景"，并将其保存为"手机产品广告动画 .fla"，结果如图 4-85 所示。

图 4-84　单击"匹配内容"按钮

图 4-85　创建一个尺寸与背景图片等大的 Flash 文件

2．制作镜头盖 - 开动画

1）新建"镜头"元件。在"手机产品广告动画 .fla"中执行菜单中的"插入 | 新建元件"（组合键〈Ctrl+F8〉）命令，在弹出的"创建新元件"对话框中设置参数，如图 4-86 所示，然后单击"确定"按钮，进入"镜头"元件的编辑模式。

2）回到"参考 .fla"文件，使用工具箱上的 ▶ （选择工具）选中所有的镜头图形，如图 4-87 所示。然后执行菜单中的"编辑 | 复制"命令，进行复制。回到"手机产品广告动画 .fla"的"镜头"元件中，执行菜单中的"编辑 | 粘贴到中心位置"命令，进行粘贴。

图 4-86　新建"镜头"元件

图 4-87　选中所有的镜头图形

3）提取所需镜头部分。右键单击粘贴后的一组镜头图形，从弹出的快捷菜单中选择"分散到图层"命令，从而将组成镜头的每个图形分配到不同的图层上，如图 4-88 所示。然后将"元件 5"图层重命名为"上盖"，"元件 4"图层重命名为"下盖"，"元件 7"图层重命名为"外壳"，"元件 6"图层重命名为"内壳"。接着删除其余各层，并对"外壳"图层中对象的颜色进行适当修改，结果如图 4-89 所示。

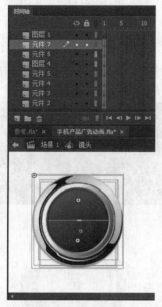

图 4-88　分配图层

图 4-89　删除多余层并对"外壳"图层中的颜色进行修改

4）选中所有图层的第 10 帧，按快捷键〈F5〉，插入普通帧，从而将时间轴的总长度延长到第 10 帧。

5）制作镜头盖打开前的线从短变长的动画。单击时间轴左下方的■（新建图层）按钮，新建"线"图层，然后使用工具箱上的■（线条工具）绘制一条"笔触"为 1.00 的白色线条，如图 4-90 所示。接着在"线"图层的第 10 帧按快捷键〈F6〉，插入关键帧。再回到第 1 帧，利用工具箱上的■（任意变形工具）将线条进行缩短，如图 4-91 所示。最后在"线"图层的第 1 ~ 10帧创建形状补间动画，此时时间轴分布如图 4-92 所示。

图 4-90　创建白色线条

图 4-91　在第 1 帧缩短线条

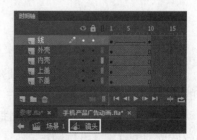

图 4-92　时间轴分布 1

6）选中"上盖""下盖""内壳"和"外壳"的第 100 帧，按快捷键〈F5〉，插入普通帧，从而将这 4 个层的总长度延长到第 100 帧。

7）制作上盖打开效果。选中"上盖"的第 10 帧和第 20 帧，按快捷键〈F6〉，插入关键帧，然后在第 20 帧将上盖图形向上移动，如图 4-93 所示。接着右键单击第 10 ～ 20 帧的任意一帧，从弹出的快捷菜单中选择"创建传统补间"命令。

8）制作下盖打开效果。同理，在"下盖"的第 10 帧和第 20 帧处按快捷键〈F6〉，插入关键帧，然后在第 20 帧将下盖图形向下移动，如图 4-94 所示。最后右键单击第 10 ～ 20 帧的任意一帧，从弹出的快捷菜单中选择"创建传统补间"命令。此时时间轴分布如图 4-95 所示。

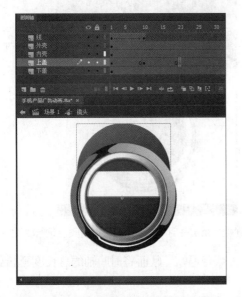

图 4-93　在第 20 帧将上盖图形向上移动

图 4-94　在第 20 帧将下盖图形向下移动

图 4-95　时间轴分布 2

3．优化所需素材图片

1）启动 Photoshop CS6，新建一个大小为 640 像素 ×480 像素、分辨率为 72 像素 / 英寸的文件。然后执行菜单中的"文件 | 置入"命令，置入网盘中的"素材及结果 \4.6 手机产品广告动画 \ 素材 1.jpg"图片，再在属性栏中将图像尺寸更改为 150 像素 ×116 像素，如图 4-96 所示，最后按〈Enter〉键进行确定。

2）按住键盘上的〈Ctrl〉键单击"素材 1"图层，从而创建"素材 1"选区，如图 4-97 所示。然后执行菜单中的"文件 | 新建"命令，此时 Photoshop 会默认创建一个与复制图像等大的 150 像素 ×116 像素的文件，如图 4-98 所示。接着单击"确定"按钮，执行菜单中的"编辑 | 粘贴"命令，将复制后的图像进行粘贴，结果如图 4-99 所示。

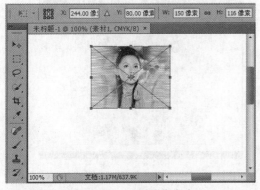

图 4-96　设置图像大小

图 4-97　创建选区

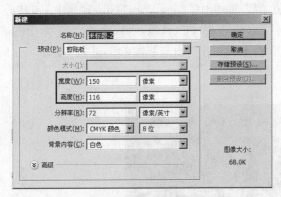

图 4-98　新建图像文件

图 4-99　粘贴效果

3）执行菜单中的"文件 | 保存"命令，将其存储为"1.jpg"。

4）同理，导入网盘中的"素材及结果 \4.6 手机产品广告动画 \ 素材 2.jpg"和"素材 3.jpg"图片，然后将它们的大小也调整为 150 像素 ×116 像素，再将它们存储为"2.jpg"和"3.jpg"。

4．制作镜头中的淡入淡出图片动画

1）回到"手机产品广告动画 .fla"中，执行菜单中的"文件 | 导入 | 导入到库"命令，导入网盘中的"素材及结果 \ 4.6 手机产品广告动画 \1.jpg""2.jpg"和"3.jpg"图片，此时，"库"面板中会显示出导入的图片，如图 4-100 所示。

2）执行菜单中的"插入 | 新建元件"（组合键〈Ctrl+F8〉）命令，新建"1"图形元件的编辑模式。从"库"面板中将"1.jpg"元件拖入舞台中，并使其中心对齐，结果如图 4-101 所示。

图 4-100　显示导入图片

图 4-101　将"1.jpg"拖入"1"元件并中心对齐

3）同理，创建"2"图形元件，然后将"库"面板中"2.jpg"元件拖入舞台中，并中心对齐。

4）同理，创建"3"图形元件，然后将"库"面板中"3.jpg"元件拖入舞台中，并中心对齐。

5）执行菜单中的"插入 | 新建元件"（组合键〈Ctrl+F8〉）命令，在弹出的"创建新元件"对话框中设置参数，如图 4-102 所示，单击"确定"按钮，进入"动画"元件的编辑模式。

图 4-102　创建"动画"影片剪辑元件

6）从"库"面板中将"1"元件拖入舞台中，并中心对齐。然后在第 50 帧处按快捷键〈F5〉，插入普通帧，从而将时间轴的总长度延长到第 50 帧。

7）创建"2"元件的淡入淡出效果。新建"图层 2"，在第 10 帧按快捷键〈F7〉，插入空白关键帧，然后从"库"面板中将"2"元件拖入舞台中，并中心对齐。再在"图层 2"的第 20 帧按快捷键〈F6〉，插入关键帧。接着单击第 10 帧，将舞台中"2"元件的 Alpha 值设置为 0%，最后右键单击"图层 2"第 10～20 帧的任意一帧，从弹出的快捷菜单中选择"创建传统补间"命令，结果如图 4-103 所示。

8）创建"3"元件的淡入淡出效果。同理，新建"图层 3"，在第 25 帧按快捷键〈F7〉，插入空白关键帧，然后从"库"面板中将"3"元件拖入舞台中，并中心对齐。再在"图层 3"的第 35 帧按快捷键〈F6〉，插入关键帧。接着单击第 25 帧，将舞台中"3"元件的 Alpha 值设置为 0%，最后在"图层 3"的第 25～35 帧中创建传统补间动画。

图 4-103　将第 10 帧"2"元件的 Alpha 值设置为 0%

9）创建"1"元件的淡入淡出效果。同理，新建"图层 4"，在第 40 帧按快捷键〈F7〉，插入空白关键帧，然后从"库"面板中将"1"元件拖入舞台中，并中心对齐。再在"图层 4"的第50 帧按快捷键〈F6〉，插入关键帧。接着单击第 40 帧，将舞台中"1"元件的 Alpha 值设置为 0%，最后在"图层 4"的第 40 ~ 50 帧中创建传统补间动画，此时时间轴分布如图 4-104 所示。

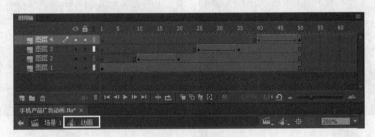

图 4-104　时间轴分布 3

5．制作镜头盖打开后显示出图片过渡动画的效果

1）双击"库"面板中的"镜头"元件，进入编辑模式。然后在"上盖"图层上方新建"动画"图层，再从"库"面板中将"动画"元件拖入舞台中，并放置到如图 4-105 所示的位置。

2）在"动画"图层上方新建"遮罩"图层，然后使用工具箱上的 ◯（椭圆工具）绘制一个 105像素 ×105 像素的正圆形，并调整位置如图 4-106 所示。此时，时间轴分布如图 4-107 所示。

图 4-105　将"动画"元件拖入舞台中

图 4-106　绘制正圆形

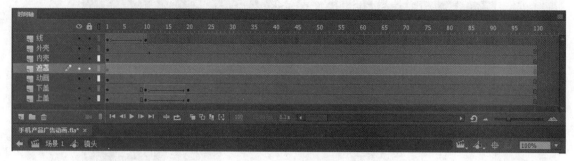

图 4-107　时间轴分布 4

3）制作遮罩效果。右键单击"遮罩"图层，从弹出的快捷菜单中选择"遮罩层"命令，此时只有圆形以内的图像被显现出来了，效果如图 4-108 所示。

4）为了使镜头盖打开过程中所在区域内的图像不进行显现，下面将"上盖"和"下盖"图层拖入遮罩，并进行锁定，结果如图 4-109 所示。

图 4-108　遮罩效果

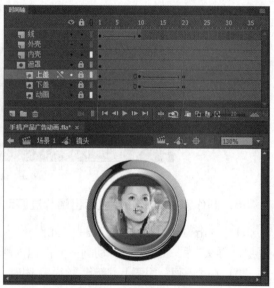

图 4-109　最终遮罩效果

6. 制作文字"ALLSEE 傲仕 生活艺术家"的淡入淡出效果

1）单击 ▦ 场景1 按钮，回到"场景 1"。然后新建"镜头"图层，从"库"面板中将"镜头"元件拖入舞台中，位置如图 4-110 所示。

2）新建"生活艺术家"图层，利用工具箱上的 Ｔ（文本工具）输入文字"ALLSEE 傲仕 生活艺术家"。然后框选所有的文字，按快捷键〈F8〉，将其转换为"生活艺术家"影片剪辑元件，效果如图 4-111 所示。

图 4-110 将"镜头"元件拖入舞台放置到适当位置

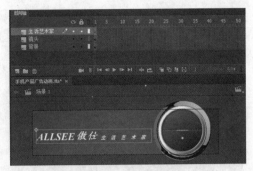

图 4-111 输入文字并将其转换为元件

3) 同时选择"生活艺术家""镜头"和"背景"图层,然后在第 130 帧按快捷键〈F5〉,插入普通帧,从而将时间轴的总长度延长到第 130 帧。

4) 将"生活艺术家"图层的第 1 帧移动到第 20 帧,然后分别在第 22、53 和 55 帧按快捷键〈F6〉,插入关键帧。最后将第 20 帧和第 55 帧中的"生活艺术家"元件的 Alpha 值设置为 0%,并在第 20～22 帧、第 53～55 帧之间分别创建传统补间动画。此时,时间轴分布如图 4-112 所示。

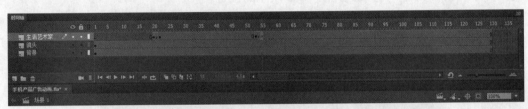

图 4-112 时间轴分布 5

7. 制作手机飞入舞台的动画

1) 回到"参考 .fla",选中"手机"图形,执行菜单中的"编辑 | 复制"命令进行复制。接着回到"手机产品广告动画 .fla",新建"手机"图层,在第 50 帧按快捷键〈F7〉,插入空白关键帧。再执行菜单中的"编辑 | 粘贴到当前位置"命令,进行粘贴,效果如图 4-113 所示。

2) 在"手机"图层的第 60 帧按快捷键〈F6〉,插入关键帧。然后在第 50 帧将"手机"移动到左侧,并将其 Alpha 值设置为 0%。接着在第 50～60 帧之间创建传统补间动画,最后在"属性"面板中将"缓动"设置为"-50",如图 4-114 所示,从而使手机产生加速飞入舞台的效果。此时,时间轴分布如图 4-115 所示。

图 4-113 粘贴手机图形

图 4-114 将"缓动"设置为"-50"

图 4-115   时间轴分布 6

8. 制作镜头缩小后移动到手机右上角的动画

1）将"镜头"图层移动到"手机"图层的上方。

2）分别在"镜头"图层的第 65 帧和第 80 帧，按快捷键〈F6〉，插入关键帧。然后在第 80 帧将"镜头"元件缩小，并移动到如图 4-116 所示的位置。

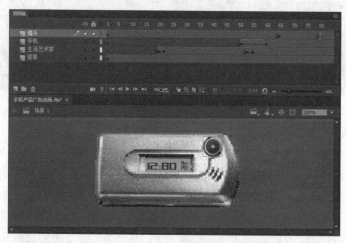

图 4-116   在第 80 帧将"镜头"元件缩小并移动到适当位置

3）制作镜头移动过程中进行逆时针旋转并加速的效果。在"镜头"图层的第 65 ～ 80 帧之间创建传统补间动画，然后在"属性"面板中将"旋转"设置为"逆时针"，将"缓动"设置为"-50"。此时，时间轴分布如图 4-117 所示。

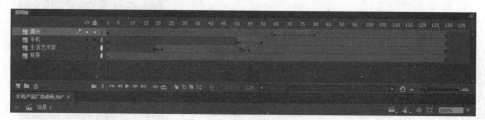

图 4-117   时间轴分布 7

4）制作镜头移动后原地落下的深色阴影效果。在"镜头"图层的下方新建"背景圆形"图层，然后使用工具箱上的 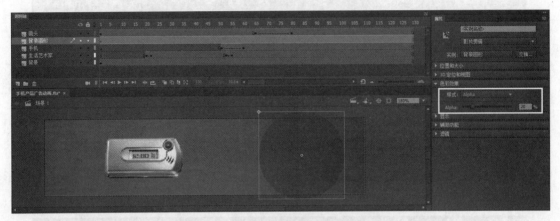（椭圆工具）绘制一个笔触颜色为无色、填充色为黑色、大小为 120 像素 ×120 像素的正圆形。接着按快捷键〈F8〉，将其转换为"背景圆形"影片剪辑元件。最后在"属性"面板中将其 Alpha 值设为 20%，结果如图 4-118 所示。

图 4-118　将"背景圆形"影片剪辑元件的 Alpha 值设为 20%

9. 制作不同文字分别飞入舞台的效果

1）回到"参考.fla"，选中文字"傲仕 A150"，如图 4-119 所示，执行菜单中的"编辑 | 复制"命令，进行复制。接着回到"手机产品广告动画.fla"，新建"文字 1"图层，在第 85 帧按快捷键〈F7〉，插入空白关键帧。最后执行菜单中的"编辑 | 粘贴到当前位置"命令，进行粘贴。再按快捷键〈F8〉，将其转换为"文字 1"影片剪辑元件，结果如图 4-120 所示。

2）制作文字"傲仕 A150"从左向右运动的效果。在"文字 1"图层的第 90 帧按快捷键〈F6〉，插入关键帧。然后在第 85 帧将"文字 1"元件移动到如图 4-121 所示的位置。接着在第 85 ～ 90 帧之间创建传统补间动画。

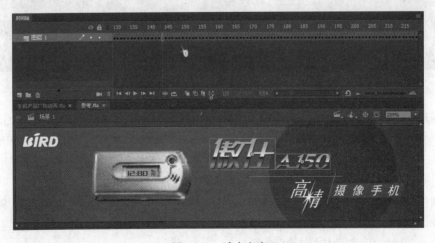

图 4-119　选中文字

图 4-120　将文字转换为"文字 1"影片剪辑元件

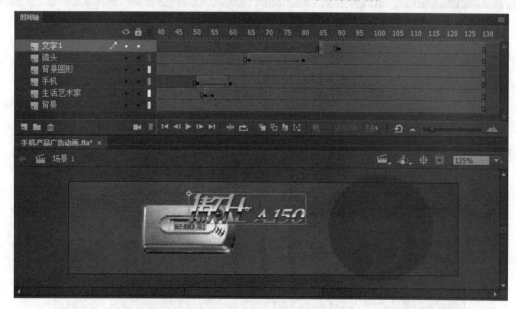

图 4-121　在第 85 帧将"文字 1"元件移动到适当位置

3）同理，回到"参考 .fla"，然后选中文字"高清摄像手机"，执行菜单中的"编辑 | 复制"命令，进行复制。接着回到"手机产品广告动画 .fla"，新建"文字 2"图层，在第 85 帧按快捷键〈F7〉，插入空白关键帧。再执行菜单中的"编辑 | 粘贴到当前位置"命令，进行粘贴。最后按快捷键〈F8〉，将其转换为"文字 2"影片剪辑元件，结果如图 4-122 所示。

4）制作文字"高清摄像手机"从右向左运动的效果。在"文字 2"图层的第 90 帧按快捷键〈F6〉，插入关键帧。然后在第 85 帧将"文字 2"元件移动到如图 4-123 所示的位置。接着在第 85～90 帧之间创建传统补间动画。

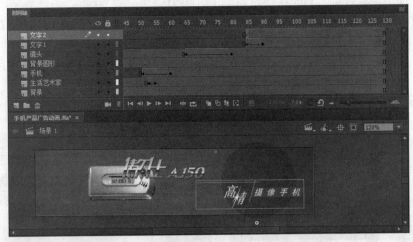

图 4-122　将文字转换为"文字 2"影片剪辑元件

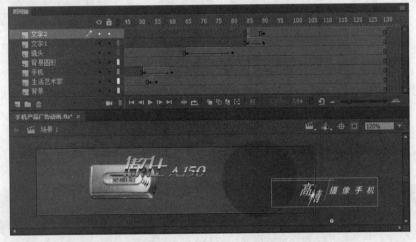

图 4-123　在第 85 帧将"文字 2"元件移动到适当位置

10．制作文字飞入舞台后的扫光效果

1）执行菜单中的"插入 | 新建元件"（组合键〈Ctrl+F8〉）命令，在弹出的"创建新元件"对话框中设置参数，如图 4-124 所示，然后单击"确定"按钮，进入"圆形"元件的编辑模式。

图 4-124　新建"圆形"元件

2) 为了便于观看效果，下面在"属性"面板中将背景色设置为红色。

3) 使用工具箱上的 ◯ (椭圆工具)，绘制一个 75 像素 ×75 像素的正圆形，并中心对齐，然后设置其填充色为透明到白色，如图 4-125 所示，效果如图 4-126 所示。

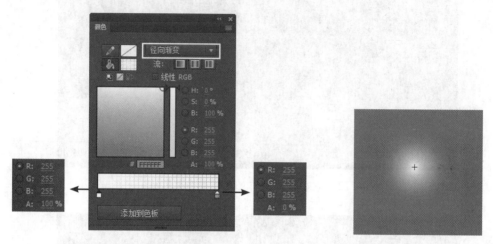

图 4-125　设置渐变色　　　　　　　　　图 4-126　透明到白色的填充效果

4) 制作"圆形"先从左向右，再从右向左运动的效果。单击 场景1 按钮，回到"场景 1"，然后新建"圆形"图层，在第 90 帧按快捷键〈F7〉，从"库"面板中将"圆形"元件拖入舞台中，并调整位置如图 4-127 所示。接着分别在第 97 帧和第 105 帧按快捷键〈F6〉，插入关键帧。再将第 97 帧的"圆形"元件移动到如图 4-128 所示的位置。最后在第 90 ~ 105 帧之间创建传统补间动画。

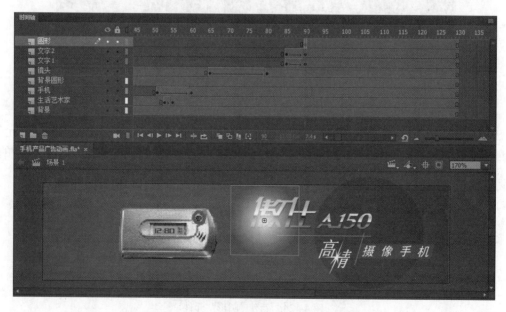

图 4-127　在第 90 帧将"圆形"元件拖入舞台中

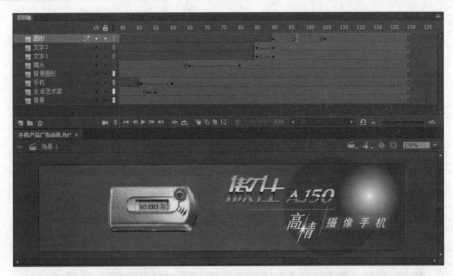

图 4-128 第 97 帧中的"圆形"元件

5）制作扫光时的遮罩。选中舞台中的"文字 1"元件，执行菜单中的"编辑|复制"命令。然后在"圆形"图层的上方新建"遮罩"图层，执行菜单中的"编辑|粘贴到当前位置"命令，最后执行菜单中的"修改|分离"命令，将"文字 1"元件分离为图形，效果如图 4-129 所示。

图 4-129 在"遮罩"图层将"文字 1"元件分离为图形

6）使用遮罩制作扫光效果。右键单击"遮罩"图层，从弹出的快捷菜单中选择"遮罩层"命令，此时，时间轴分布如图 4-130 所示。

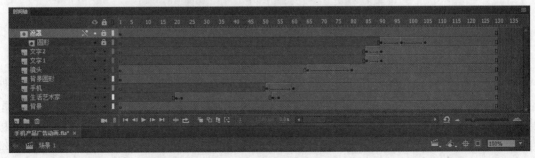

图 4-130 时间轴分布 8

7）按〈Enter〉键播放动画，即可看到扫光效果，如图4-131所示。

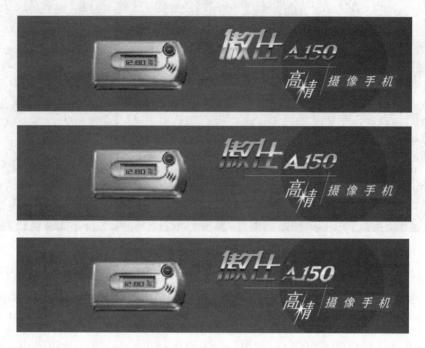

图4-131　预览扫光效果

11. 制作环绕手机进行旋转的光芒效果

1）执行菜单中的"插入 | 新建元件"（组合键〈Ctrl+F8〉）命令，在弹出的"创建新元件"对话框中设置参数，如图4-132所示，然后单击"确定"按钮，进入"光芒"元件的编辑模式。

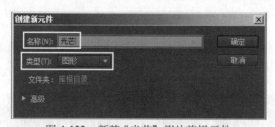

图4-132　新建"光芒"影片剪辑元件

2）使用工具箱上的 ◉（椭圆工具）绘制一个75像素×75像素的正圆形，并中心对齐，然后设置其填充色为透明到白色的径向渐变。接着使用工具箱上的 ◼（任意变形工具）对其进行处理，再执行菜单中的"修改 | 组合"命令，将其成组，结果如图4-133所示。最后在"变形"面板中将"旋转"设置为90°，单击 ◳（重制选区和变形）按钮，如图4-134所示，进行旋转复制，结果如图4-135所示。

图 4-133　成组效果　　　　图 4-134　设置旋转复制参数　　　　图 4-135　旋转复制效果

3）框选两个基本光芒图形,然后执行菜单中的"修改 | 组合"命令,将其成组,接着在"变形"面板中将"旋转"设置为 45°,单击 (重制选区和变形) 按钮,如图 4-136 所示,从而将两个基本光芒图形旋转 45° 进行复制。最后使用工具箱上的 (任意变形工具)对其进行缩放处理,并中心对齐,结果如图 4-137 所示。

图 4-136　设置旋转复制参数　　　　　图 4-137　光芒效果

4）单击 场景1 按钮,回到"场景 1"。然后新建"光芒"图层,在第 85 帧按快捷键〈F7〉,插入空白关键帧。接着从"库"面板中将"光芒"元件拖入舞台中并适当缩放,结果如图 4-138 所示。

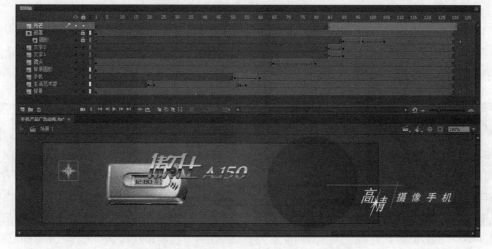

图 4-138　将"光芒"元件拖入舞台中并适当缩放

5）制作光芒运动的路径。右键单击时间轴左侧的图层名称，从弹出的快捷菜单中选择"添加传统运动引导层"命令，如图 4-139 所示。然后在"引导层：光芒"第 85 帧按快捷键〈F7〉，插入空白关键帧。接着选择工具箱上的 ■（矩形工具），设置填充色为无色，笔触颜色为蓝色，矩形边角半径为 100，如图 4-140 所示。最后使用工具箱上的 ✐（橡皮擦工具）将圆角矩形左上角进行擦除，结果如图 4-141 所示。再将"引导层：光芒"图层的第 1 帧移动到第 85 帧。此时，时间轴分布如图 4-142 所示。

图 4-139　选择"添加传统运动引导层"命令　　图 4-140　设置矩形参数　　图 4-141　将圆角矩形左上角进行擦除

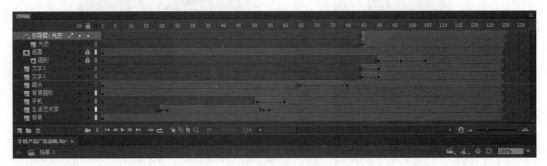

图 4-142　时间轴分布 9

6）制作光芒沿路径运动动画。在第 85 帧将"光芒"元件移动到路径的上方开口处，如图 4-143 所示。然后在"光芒"图层的第 100 帧按快捷键〈F6〉，插入关键帧，再将"光芒"元件移动到路径的下方开口处，如图 4-144 所示。接着在"光芒"图层的第 85 ～ 100 帧创建传统补间动画。

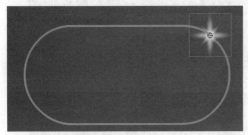

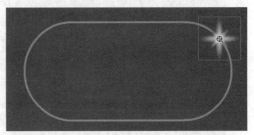

图 4-143　在第 85 帧调整"光芒"元件的位置　　图 4-144　在第 100 帧调整"光芒"元件的位置

提示：为了便于观看，可以将"光芒"图层和"引导层"以外的层进行隐藏。

7）制作光芒在第 100 帧后的闪动效果。在"光芒"图层的第 101～106 帧按快捷键〈F6〉，插入关键帧，然后将第 101、103、105 帧的"光芒"元件放大，如图 4-145 所示。

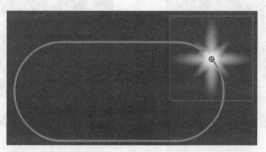

图 4-145　将第 101、103、105 帧的"光芒"元件放大

8）至此，整个动画制作完毕，时间轴分布如图 4-146 所示。执行菜单中的"控制 | 测试"（组合键〈Ctrl+Enter〉）命令，打开播放器窗口，即可看到动画效果。

提示：此时当动画再次播放时，会发现缺少了镜头打开的效果，这是因为"镜头"元件的总帧数（100 帧）与整个动画的总帧数（130 帧）不等长的原因，将"镜头"元件的总帧数延长到第 130 帧即可。

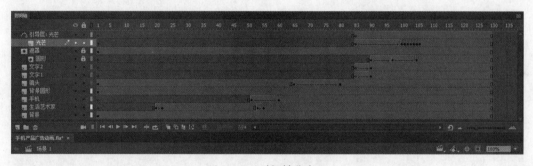

图 4-146　时间轴分布 10

4.7　课后练习

（1）制作探照灯的照射效果，如图 4-147 所示。参数可参考网盘中的"课后练习 \4.7 课后练习 \ 练习 1\ 探照灯效果 .fla"文件。

图 4-147　练习 1 效果

（2）制作迪尼斯城堡动画效果，如图 4-148 所示。参数可参考网盘中的"课后练习 \4.7 课后练习 \ 练习 2\ 城堡 - 完成 .fla"文件。

图 4-148　练习 2 效果

第5章 交互动画

Animate CC 2017 具有强大的交互性，可以利用脚本语言来制作各种交互效果。通过本章的学习，读者可掌握 Animate CC 2017 中常用交互动画的具体应用。

5.1 鼠标跟随效果

要点

本例将制作鼠标跟随效果，如图 5-1 所示。通过本例的学习，读者应掌握"代码片段"面板中"Mouse Over 事件""在此帧处停止"命令和 gotoAndPlay() 语句的应用。

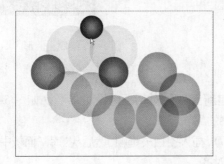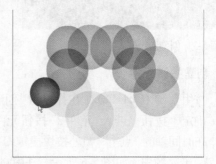

图 5-1 鼠标跟随效果

操作步骤

1. 创建图形元件

1）启动 Animate CC 2017 软件，新建一个 ActionScript 3.0 文件。

2）改变舞台大小。方法：执行菜单中的"修改 | 文档"（组合键〈Ctrl+J〉）命令，在弹出的"文档设置"对话框中设置舞台颜色为白色，舞台大小为 560 像素 ×400 像素，如图 5-2 所示，然后单击"确定"按钮。

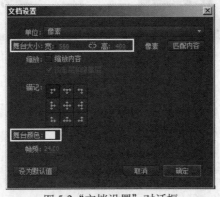

图 5-2 "文档设置"对话框

3）按组合键〈Ctrl+F8〉，在弹出的"创建新元件"对话框中设置参数，如图 5-3 所示，然后单击"确定"按钮，进入"元件 1"图形元件的编辑模式。

4）选择工具箱上的 ⬤（椭圆工具），设置填充色为黑-绿放射状渐变，笔触颜色为 ▱，同时按住〈Shift〉键，绘制一个正圆形。然后在"属性"面板中设置正圆形的"宽"和"高"为 80 像素，如图 5-4 所示，再利用"对齐"面板将其中心对齐。

图 5-3　创建"元件 1"图形元件　　　　　　　　　图 5-4　绘制正圆形

2. 创建按钮元件

1）按组合键〈Ctrl+F8〉，在弹出的"创建新元件"对话框中设置参数，如图 5-5 所示，然后单击"确定"按钮，进入"元件 2"按钮元件的编辑模式。

2）在时间轴的"点击"帧处按快捷键〈F7〉，插入空白关键帧，然后从"库"面板中将"元件 1"拖放到"点击"帧中，如图 5-6 所示，并中心对齐。

提示：这样做的目的是让鼠标敏感区域与图形元件等大。

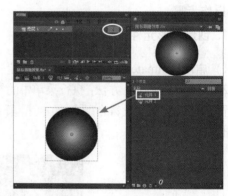

图 5-5　创建"元件 2"按钮元件　　　　　图 5-6　将"元件 1"从库中拖入"点击"帧

3. 创建影片剪辑元件

1）按组合键〈Ctrl+F8〉，在弹出的"创建新元件"对话框中设置参数，如图 5-7 所示，然后单击"确定"按钮，进入"元件 3"影片剪辑元件的编辑模式。

2）单击第 1 帧，将"元件 2"从"库"面板中拖入工作区，并使其中心对齐。然后在"属性"面板"实例名称"输入框中输入"btn"，如图 5-8 所示。

提示：此时设置"元件 2"的实例名称是后面对其添加相应代码。

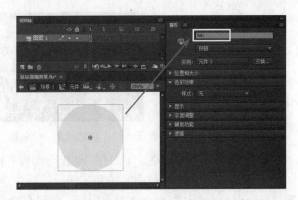

图 5-7　创建"元件 3"影片剪辑元件　　图 5-8　在"属性"面板中将"元件 2"的"实例名称"设置为"btn"

3）单击第 2 帧，按快捷键〈F7〉，插入空白关键帧，然后将"元件 1"从"库"面板拖入工作区并中心对齐。接着在第 15 帧按快捷键〈F6〉，插入关键帧，用工具箱上的 [图标]（任意变形工具）将其放大，并在"属性"面板中将其 Alpha 值设置为 0%，如图 5-9 所示。

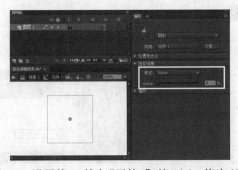

图 5-9　设置第 15 帧中"元件 1"的 Alpha 值为 0%

4）右键单击"图层 1"的第 2 帧，从弹出的快捷菜单中选择"创建传统补间"命令，从而在第 2 帧到第 15 帧之间会实现小球从小变大并逐渐消失的效果。

5）选择舞台的第 1 帧中的"元件 2"按钮实例，然后执行菜单中的"窗口 | 代码片段"命令，调出"代码片段"面板。接着在此面板的"ActionScript/ 时间轴导航 / 在此帧处停止"命令处双击鼠标，如图 5-10 所示。此时会调出"动作"面板，并在其中自动输入动作脚本，如图 5-11 所示。同时会自动创建一个名称为"Actions"的图层，如图 5-12 所示。

提示：这段脚本用于控制动画不自动播放。

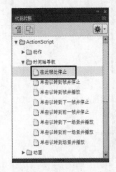

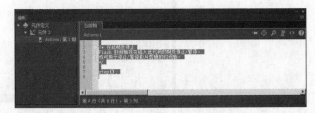

图 5-10　在"在此帧处停止"命令处双击鼠标　　　图 5-11　自动输入动作脚本

图 5-12　自动创建一个名称为"Actions"的图层

6）为了便于查看脚本，下面在"动作"面板中将说明文字删除，只保留代码"stop();"。

7）选中舞台的第 1 帧中的按钮实例，然后在"代码片段"面板"ActionScript/ 事件处理函数 /Mouse Over 事件"命令处双击鼠标，如图 5-13 所示，接着在"动作"面板中删除注释文字，再在 {} 之间添加脚本"gotoAndPlay(2);"，如图 5-14 所示。

提示：这段脚本用于实现当鼠标滑过的时候开始播放时间轴的第 2 帧，即小球从小变大并逐渐消失的效果。

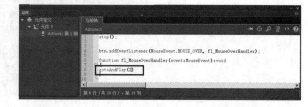

图 5-13　在"Mouse Over 事件"命令处双击鼠标　　　图 5-14　在 {} 之间添加脚本"gotoAndPlay(2);"

4. 合成场景

1）单击 场景 1 ，回到"场景 1"，从"库"面板中将"元件 3"影片剪辑元件拖入舞台。然后按住〈Alt〉键在舞台中复制"元件 3"影片剪辑实例，并使用"对齐"面板将它们进行对齐，结果如图 5-15 所示。

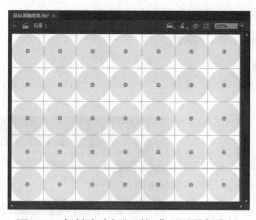

图 5-15　复制并对齐"元件 3"影片剪辑实例

2）按组合键〈Ctrl+Enter〉打开播放器，即可测试效果。

5.2 制作网站导航按钮

要点

本例将制作通过单击不同的网站导航按钮跳转到相应网站的效果，如图 5-16 所示。通过本例的学习，读者应掌握利用"代码片段"面板中的"单击以转到 Web 页"命令制作网站导航按钮的方法。

图 5-16　单击不同的网站导航按钮跳转到相应网站的效果

操作步骤

1) 执行菜单中的"文件 | 打开"命令,打开网盘中的"素材及结果 \5.2 制作网站导航按钮 \ 制作网站导航按钮 - 素材 .fla"文件。

2) 执行菜单中的"窗口 | 库"命令,调出按钮"库"面板,如图 5-17 所示。然后将"库"面板中事先做好的 sina、sohu 和 yahoo 三个按钮元件拖入舞台中,并依次水平放置。接着利用"对齐"面板将它们进行水平居中分布对齐,如图 5-18 所示。最后将"图层 1"重命名为"按钮",效果如图 5-19 所示。

图 5-17 "库"面板

图 5-18 设置对齐参数

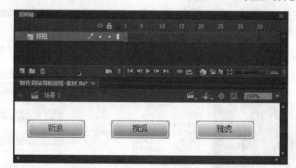

图 5-19 将"图层 1"重命名为"按钮"

3) 选择舞台中的"新浪"按钮实例,然后在"属性"面板"实例名称"输入框中输入"button1",如图 5-20 所示。

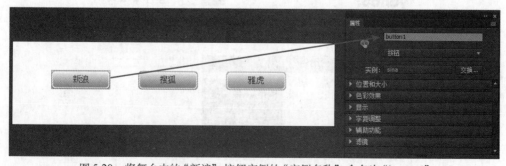

图 5-20 将舞台中的"新浪"按钮实例的"实例名称"命名为"button1"

4) 同理，选择舞台中的"搜狐"按钮实例，然后在"属性"面板"实例名称"输入框中输入"button2"。

5) 同理，选择舞台中的"雅虎"按钮实例，然后在"属性"面板"实例名称"输入框中输入"button3"。

6) 选择舞台中的"新浪"按钮实例，然后执行菜单中的"窗口 | 代码片段"命令，调出"代码片段"面板。接着在此面板的"ActionScript/ 动作 / 单击以转到 Web 页"命令处双击鼠标，如图 5-21 所示。此时会调出"动作"面板，并在其中自动输入动作脚本，如图 5-22 所示。同时会自动创建一个名称为"Actions"的图层，如图 5-23 所示。

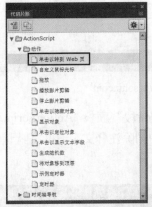

图 5-21　在"单击以转到 Web 页"命令处双击鼠标

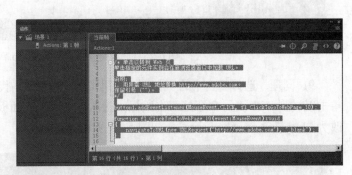

图 5-22　自动输入动作脚本

图 5-23　自动创建一个名称为"Actions"的图层

7) 在"动作"面板中将注释文字删除，然后将默认的网址改为"http://www.sina.com.cn"，如图 5-24 所示。

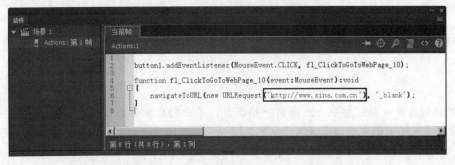

图 5-24　修改链接的网址为"http://www.sina.com.cn"

8) 同理，选择舞台中的"搜狐"按钮实例，然后在"代码片段"面板"ActionScript/ 动作 /
单击以转到 Web 页"命令处双击鼠标，接着在"动作"面板中删除注释文字，再将默认的网址
改为"http://www.sohu.com"，如图 5-25 所示。

图 5-25　修改链接的网址为"http://www.sohu.com"

9) 同理，选择舞台中的"雅虎"按钮实例，然后在"代码片段"面板"ActionScript/ 动作 /
单击以转到 Web 页"命令处双击鼠标，接着在"动作"面板中删除注释文字，再将默认的网址
改为"http://www.yahoo.com"，如图 5-26 所示。

图 5-26　修改链接的网址为"http://www.yahoo.com"

10) 至此，整个网站导航按钮制作完毕。下面执行菜单中的"控制 | 测试"（快捷键
〈Ctrl+Enter〉）命令，打开播放器窗口，即可测试通过单击不同的网站导航按钮跳转到相应网
站的效果。

5.3　电子相册

要点

本例将制作单击向前按钮会显示前一帧图片，单击向后按钮会显示后一帧图片，同时图片
切换时显示淡入动画的电子相册效果，如图 5-27 所示。通过本例的学习，读者应掌握"代码片段"
面板中"单击以转到下一帧并停止""单击以转到上一帧并停止""淡入影片剪辑"命令和 stop()
脚本的综合应用。

图 5-27 电子相册

操作步骤

1. 制作电子相册的图片

1) 启动 Animate CC 2017 软件，新建一个 ActionScript 3.0 文件。

2) 设置文档大小。执行菜单中的"修改 | 文档"（快捷键〈Ctrl+J〉）命令，在弹出的"文档设置"对话框中设置"舞台大小"为 550 像素 ×400 像素，如图 5-28 所示，然后单击"确定"按钮。

3) 将相关图片导入库中。执行菜单中的"文件 | 导入 | 导入到库"命令，导入网盘中的"素材及结果 \5.3 电子相册 \ 图片 1.jpg"～"图片 4.jpg"和"外框 .png"图片，如图 5-29 所示。

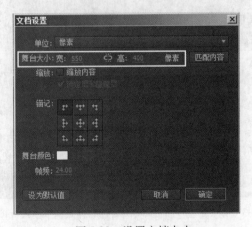

图 5-28 设置文档大小

图 5-29 将相关图片导入库中

4) 创建"pic1"影片剪辑元件。执行菜单中的"插入 | 新建元件"（快捷键〈Ctrl+F8〉）命令，在弹出的"创建新元件"对话框中进行设置，如图 5-30 所示，单击"确定"按钮，进入"pic1"影片剪辑元件的编辑状态。然后将"图片 1.jpg"从"库"面板中拖入工作区中，并利用"对齐"面板将其中心对齐，如图 5-31 所示。

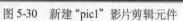

图 5-30　新建"pic1"影片剪辑元件　　　　图 5-31　将"图片 1.jpg"拖入工作区中并中心对齐

5）同理，新建"pic2"～"pic4"影片剪辑元件，此时"库"面板如图 5-32 所示。

6）单击  场景 1 按钮，回到"场景 1"。

7）将"图层 1"重命名为"图片"。然后从"库"面板中将"pic1"影片剪辑元件拖入舞台并中心对齐。接着在"属性"面板"实例名称"输入框中输入"pic1"，如图 5-33 所示。

提示：此时设置"pic1"的实例名称是后面对其添加相应代码。

图 5-32　"库"面板　　　　　　图 5-33　在"属性"面板"实例名称"输入框中输入"pic1"

8）分别在"图片"图层的第 2 ～ 4 帧按快捷键〈F7〉，插入空白关键帧。然后分别将"pic2"～"pic4"影片剪辑元件拖入"图片"图层的第 2 ～ 4 帧，并中心对齐。接着分别将"图片"图层的第 2 ～ 4 帧中的"pic2"～"pic4"影片剪辑实例，在"属性"面板"实例名称"中命名为"pic2"～"pic4"。

9）新建"外框"图层，然后将"外框 .png"图片从"库"面板中拖入舞台，接着使用"对齐"面板将其中心对齐。最后为了防止错误操作，可锁定"外框"图层，效果如图 5-34 所示。

图 5-34 将"外框 .png"图片拖入舞台并中心对齐

2. 创建"arrow"按钮元件

1) 执行菜单中的"插入 | 新建元件"（快捷键〈Ctrl+F8〉）命令，在弹出的"创建新元件"对话框中进行设置，如图 5-35 所示，单击"确定"按钮，进入"arrow"按钮元件的编辑状态。

2) 利用工具箱上的 ◯（椭圆工具），设置填充色为白色，笔触颜色为☑，同时按住〈Shift〉键，绘制一个正圆形。然后在"属性"面板中设置正圆形的"宽"和"高"为 30 像素，如图 5-36 所示，再利用"对齐"面板将其中心对齐。

图 5-35 新建"arrow"按钮元件

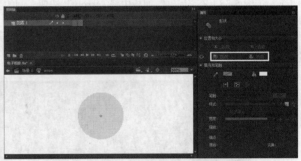

图 5-36 绘制正圆形并中心对齐

3) 利用工具箱上的 ✒（钢笔工具）绘制笔触宽度为 3 像素的红色箭头形状，再利用"对齐"面板将其中心对齐，如图 5-37 所示。

图 5-37 绘制笔触宽度为 3 像素的红色箭头形状

4）单击 [场景 1] 按钮，回到"场景 1"。然后新建"按钮"图层，再从"库"面板中将"arrow"按钮元件拖入舞台的右下方。接着选择舞台中的"arrow"按钮实例，在"属性"面板中将其"实例名称"命名为"but_next"，如图 5-38 所示。

图 5-38　在"属性"面板中将"arrow"按钮实例的"实例名称"命名为"but_next"

5）水平向左复制一个"arrow"按钮实例，然后将其水平翻转，在"属性"面板中将其"实例名称"命名为"but_pre"，如图 5-39 所示。

图 5-39　在"属性"面板中将水平翻转后的"arrow"按钮实例的"实例名称"命名为"but_pre"

3. 制作单击向前按钮会显示前一帧图片，单击向后按钮会显示后一帧图片的效果

1）选择"按钮"图层向左方向的"arrow"按钮实例，然后调出"代码片段"面板。接着在此面板的"ActionScript/ 时间轴导航 / 单击以转到前一帧并停止"命令处双击鼠标。此时会调出"动作"面板，并在其中自动输入动作脚本。同时会自动创建一个名称为"Actions"的图层，如图 5-40 所示。

图 5-40　为向左方向的"arrow"按钮实例设置脚本

2）选择"按钮"图层向右方向的"arrow"按钮实例，然后在"代码片段"面板的"ActionScript/ 时间轴导航 / 单击以转到下一帧并停止"命令处双击鼠标。此时"动作"面板中会自动输入动作脚本，如图 5-41 所示。

3）在"动作"面板中将向左和向右按钮的注释文字删除，然后在第一行添加"stop();"脚本，此时"动作"面板中的脚本如图 5-42 所示。

提示：添加"stop();"脚本是为了控制图片不自动播放。

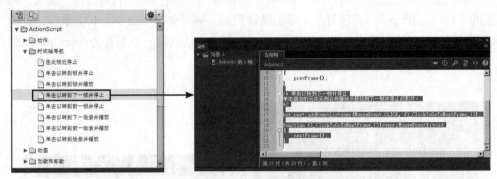

图 5-41　为向右方向的"arrow"按钮实例设置脚本

图 5-42　在第一行添加"stop();"脚本

4. 制作图片切换时显示淡入的动画效果

1) 选择"图片"图层第 1 帧处的"pic1"影片剪辑实例，然后在"代码片段"面板的"ActionScript/ 动画 / 淡入影片剪辑"命令处双击鼠标。此时"动作"面板中会自动输入动作脚本，如图 5-43 所示。

2) 此时执行菜单中的"控制 | 测试"（快捷键〈Ctrl+Enter〉）命令，进行测试会发现图片淡入动画效果过于缓慢，下面就来解决这个问题。方法：在"动作"面板中将脚本"pic1.alpha += 0.01;"修改为"pic1.alpha += 0.05;"，此时再次测试会发现图片淡入动画效果就正常了。

3) 同理，对"图片"图层第 2 帧处的"pic2"影片剪辑实例，"图片"图层第 3 帧处的"pic3"影片剪辑实例和图层第 4 帧处的"pic4"影片剪辑实例添加"淡入影片剪辑"命令。

4) 至此，电子相册效果制作完毕。下面执行菜单中的"控制 | 测试"（快捷键〈Ctrl+Enter〉）命令，即可测试单击向前按钮会显示前一帧图片，单击向后按钮会显示后一帧图片，同时图片切换时显示淡入动画的电子相册效果。

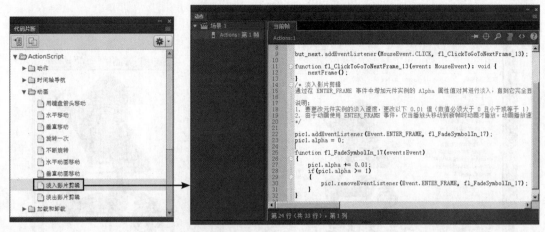

图 5-43 为"pic1"影片剪辑实例设置脚本

5.4 交互式按钮控制的广告效果

要点

本例将制作由交互式按钮控制的广告效果，当单击下方的某个小图时，其上方将显示出相应的大图，如图 5-44 所示。通过本例的学习，读者应掌握利用"代码片段"面板中的"在此帧处停止"和"单击以转到帧并停止"命令的应用。

图 5-44 交互式按钮控制的广告效果

操作步骤

1. 制作素材图片

1）启动 Photoshop CS6，然后执行菜单中的"文件 | 打开"命令，打开网盘中的"素材及结果 \5.4 交互式按钮控制的广告效果 \ 素材图 .jpg"，使用工具箱上的 （矩形选框工具）创建小推车选区，如图 5-45 所示。接着按组合键〈Ctrl+C〉进行复制，再执行菜单中的"文件 | 新建"命令，新建一个文件，在新文件中按组合键〈Ctrl+V〉进行粘贴，结果如图 5-46 所示。

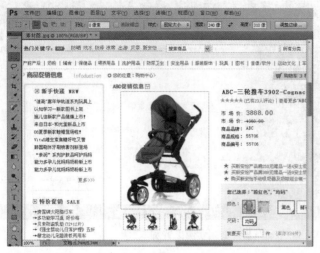

图 5-45　创建小推车选区

图 5-46　粘贴后的图片效果

2）执行菜单中的"文件｜存储为"命令，将文件存储为"1.jpg"。

3）将图片处理为蓝色。方法：执行菜单中的"图像｜调整｜色相/饱和度"命令，在弹出的"色相/饱和度"对话框中设置参数，如图 5-47 所示，然后单击"确定"按钮，从而将图片处理为蓝色，再将文件存储为"2.jpg"。

图 5-47　设置"色相/饱和度"参数

4）同理，将图片处理为黄色和紫红色，然后将它们存储为"3.jpg"和"4.jpg"。

2. 制作交互效果

1）启动 Animate CC 2017 软件，新建一个 ActionScript 3.0 文件。

2）导入序列文件。执行菜单中的"文件｜导入｜导入到舞台"命令，然后在弹出的对话框中选择网盘中的"素材及结果\5.4 交互式按钮控制的广告效果\1.jpg"，单击"是"按钮，如图 5-48 所示，此时"1.jpg"～"4.jpg"会被导入到时间轴的不同帧中，如图 5-49 所示。

3）修改舞台大小。执行菜单中的"修改｜文档"命令，在弹出的对话框中单击"匹配内容"按钮，如图 5-50 所示，然后单击"确定"按钮，使文档大小与图片等大，如图 5-51 所示。

图 5-48　单击"是"按钮

图 5-49　不同图片被放置到不同帧中

图 5-50　单击"匹配内容"按钮

图 5-51　文档大小与图片等大

4）为了在大图下面放置小图，下面在"属性"面板中单击"高级设置"按钮，如图 5-52 所示，在弹出的"文档设置"对话框中将舞台大小修改为 240 像素 ×400 像素，如图 5-53 所示，结果如图 5-54 所示。

图 5-52　单击"高级设置"按钮

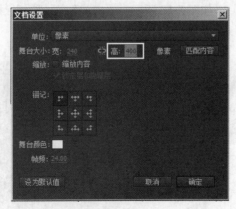

图 5-53　将舞台大小改为 240 像素 ×400 像素

图 5-54　将舞台大小改为 240 像素 ×400 像素的效果

5）制作缩略图。在第1帧选中舞台中的图片，按组合键〈Ctrl+C〉复制，然后新建"小图"图层，按组合键〈Ctrl+V〉粘贴。再使用工具箱上的 （任意变形工具）将其缩小，并放置到如图 5-55 所示的位置。接着使用工具箱上的 ▣（矩形工具），设置笔触颜色为灰色，填充色为无色，在缩略图外围绘制一个矩形，如图 5-56 所示。

图 5-55　将图片缩小并放置到适当位置

图 5-56　添加灰色边框

6）制作其余缩略图。使用工具箱上的 ▶（选择工具）框选缩略图及其边框，然后按住〈Alt〉键向左移动，复制出3个副本，如图 5-57 所示。接着从左到右分别右键单击复制后的图片，从弹出的快捷菜单中选择"交换位图"命令，再在弹出的"交换位图"对话框中分别选择"2.jpg"～"4.jpg"图片，如图 5-58 所示，单击"确定"按钮，将复制后的图片进行替换，结果如图 5-59 所示。

图 5-57　复制出3个副本

图 5-58　选择要替换的图片

图 5-59　替换图片后的效果

7）对齐缩略图。框选如图 5-60 所示的缩略图及其边框，然后执行菜单中的"修改 | 组合"命令，使其成组。接着对其余 3 个缩略图及其边框也进行成组。最后框选成组后的 4 个图形，在"对齐"面板中取消勾选"与舞台对齐"复选框，然后单击▣（顶对齐）和▥（水平居中分布）按钮，使其对齐，结果如图 5-61 所示。

图 5-60　框选缩略图及其边框

图 5-61　对齐后的效果

8）制作黄色边框和箭头效果。新建"边框"图层，然后使用工具箱上的▣（矩形工具）绘制黄色矩形，并使用▨（选择工具）调整出箭头形状，如图 5-62 所示。接着分别在"边框"图层的第 2～4 帧按快捷键〈F6〉，插入关键帧，并调整黄色边框和箭头的位置，如图 5-63 所示。

9）创建按钮元件。选中任意一个成组后的图形，按组合键〈Ctrl+C〉进行复制，然后执行菜单中的"插入 | 新建元件"（组合键〈Ctrl+F8〉）命令，在弹出的"创建新元件"对话框中设置参数，如图 5-64 所示，单击"确定"按钮，进入"按钮"元件的编辑模式。接着在"点击"帧按快捷键〈F7〉，插入空白关键帧，再按组合键〈Ctrl+V〉进行粘贴，结果如图 5-65 所示。最后执行菜单中的"修改 | 分离"命令，将成组后的图形进行分离，然后删除图片，并使用▨（颜料桶工具）对矩形进行填充，结果如图 5-66 所示。

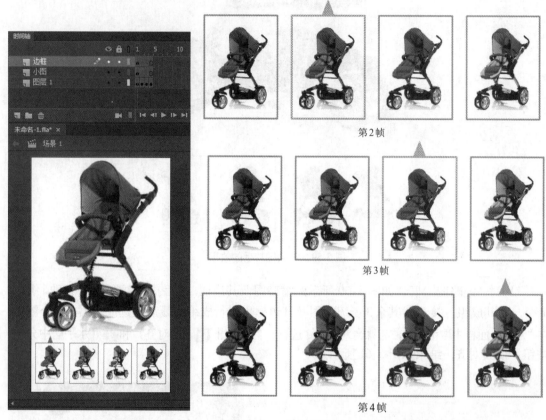

第2帧

第3帧

第4帧

图 5-62　绘制黄色边框和箭头　　　图 5-63　分别在第2～4帧调整黄色边框和箭头的位置

图 5-64　新建"按钮"元件

图 5-65　粘贴后的效果

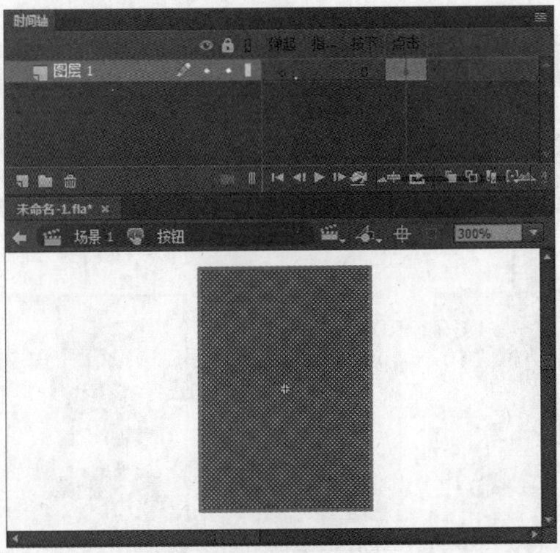

图 5-66　使用颜料桶工具对矩形进行填充

10）单击 场景 1 按钮，回到场景 1，然后新建“按钮”图层，将“按钮”元件从“库”面板拖入舞台中，并放置到如图 5-67 所示的位置。接着选择舞台中的“按钮”按钮实例，然后在“属性”面板“实例名称”输入框中输入“button1”，如图 5-68 所示。

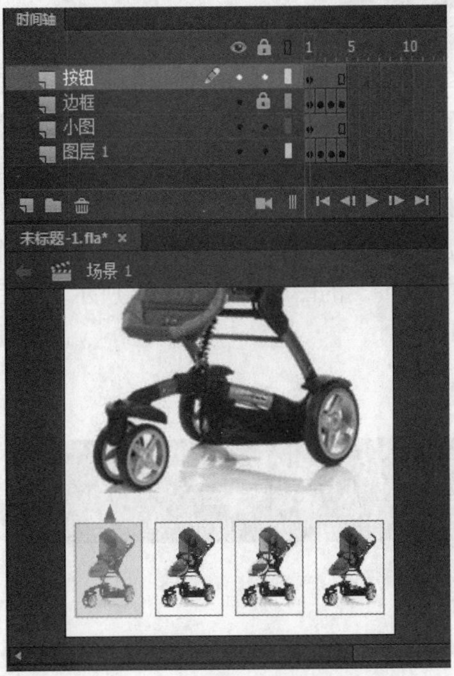

图 5-67　将“按钮”元件拖入舞台中

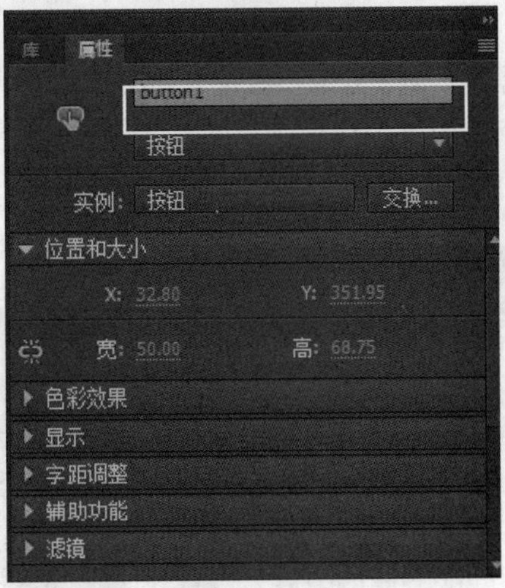

图 5-68　将“按钮”按钮实例的“实例名称”命名为“button1”

11）按住〈Alt〉键，在舞台中复制 3 个按钮元件，并将它们放置到其余 3 张图片上。然后选择舞台中复制后的“按钮”按钮实例，在“属性”面板“实例名称”输入框中输入“button2”～“button4”，如图 5-69 所示。

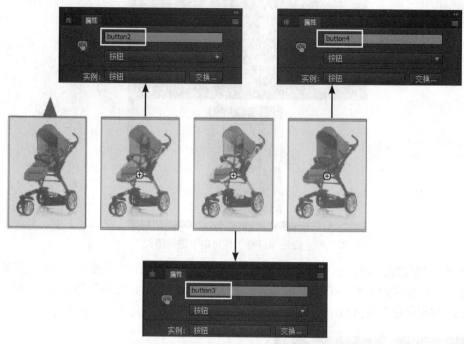

图 5-69　复制按钮实例并赋予不同的实例名称

12）此时，按组合键〈Ctrl+Enter〉打开播放器窗口，会发现画面是自动播放的，我们需要的是画面为停止状态，而由交互式按钮进行控制，下面就来解决这个问题。方法：选择舞台中最左侧的"按钮"按钮实例（该按钮实例的"实例名称"为"button1"），然后执行菜单中的"窗口 | 代码片段"命令，调出"代码片段"面板。接着在此面板的"ActionScript/ 动作 / 在此帧处停止"命令处双击鼠标，如图 5-70 所示。此时会调出"动作"面板，并在其中自动输入动作脚本，如图 5-71 所示。同时会自动创建一个名称为"Actions"的图层，如图 5-72 所示。最后在"动作"面板中删除注释文字。

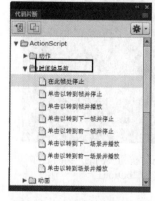

图 5-70　在"在此帧处停止"
命令处双击鼠标

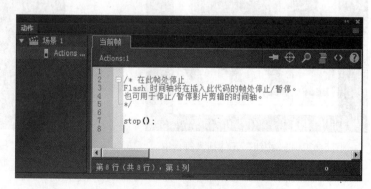

图 5-71　自动输入动作脚本

图 5-72　自动创建一个名称为"Actions"的图层

13) 按组合键〈Ctrl+Enter〉打开播放器窗口，即可看到画面静止在第 1 帧的效果。

14) 制作当单击下方的某个小图时，上方将显示出相应的大图效果。方法：选择舞台中最左侧的"按钮"按钮实例（该按钮实例的"实例名称"为"button1"），然后在"代码片段"面板的"ActionScript/ 动作 / 单击以转到帧并停止"命令处双击鼠标，如图 5-73 所示。此时"动作"面板中会自动输入动作脚本，如图 5-74 所示。接着将脚本"gotoAndStop(5)"改为"gotoAndStop(1)"，最后为了便于观看脚本删除注释文字。

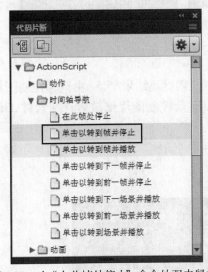

图 5-73　在"在此帧处停止"命令处双击鼠标

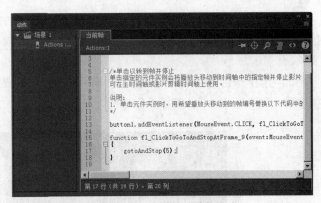

图 5-74　自动输入动作脚本

15) 同理，选择舞台中"实例名称"为"button2"的按钮实例，然后在"代码片段"面板的"ActionScript/ 动作 / 单击以转到帧并停止"命令处双击鼠标，再在"动作"面板中将自动输入动作脚本中的"gotoAndStop(5)"改为"gotoAndStop(2)"，最后为了便于观看脚本删除注释文字。

16) 同理，选择舞台中"实例名称"为"button3"的按钮实例，然后在"代码片段"面板的"ActionScript/ 动作 / 单击以转到帧并停止"命令处双击鼠标，再在"动作"面板中将自动输入动作脚本中的"gotoAndStop(5)"改为"gotoAndStop(3)"，最后为了便于观看脚本删除注释文字。

17) 同理，选择舞台中"实例名称"为"button4"的按钮实例，然后在"代码片段"面板的"ActionScript/ 动作 / 单击以转到帧并停止"命令处双击鼠标，再在"动作"面板中将自动输入动作脚本中的"gotoAndStop(5)"改为"gotoAndStop(4)"，最后为了便于观看脚本删除注释文字。

18）至此，交互式按钮控制的广告效果制作完毕。执行菜单中的"控制 | 测试"（组合键〈Ctrl+Enter〉）命令打开播放器窗口，即可测试效果。

5.5 由鼠标控制图片拖放和键盘控制图片缩放效果

要点

本例将制作由鼠标控制图片拖放和键盘控制图片缩放的效果，如图 5-75 所示。通过本例的学习，读者应掌握利用"代码片段"面板中"拖放"命令制作图片拖放效果和利用 ActionScripts 3.0 中的相关脚本制作由键盘控制图片缩放效果。

图 5-75 由鼠标控制图片拖放和键盘控制图片缩放效果

操作步骤

1）执行菜单中的"文件 | 打开"命令，打开网盘中的"素材及结果 \5.5 由鼠标控制图片拖放和键盘控制图片缩放效果 \ 由鼠标控制图片拖放和键盘控制图片缩放效果 - 素材 .fla"文件。

2）选择舞台中的"热气球动画"影片剪辑实例，然后在"属性"面板的"实例名称"输入框中输入"fireballoon"，如图 5-76 所示。

图 5-76 将舞台中"热气球动画"影片剪辑实例的"实例名称"命名为"fireballoon"

　　3）添加控制热气球拖放的脚本。方法：选择舞台中的"热气球动画"影片剪辑实例，然后执行菜单中的"窗口 | 代码片段"命令，调出"代码片段"面板。接着在此面板的"ActionScript/动作 / 拖放"命令处双击鼠标，如图 5-77 所示。此时会调出"动作"面板，并在其中自动输入动作脚本，如图 5-78 所示。同时会自动创建一个名称为"Actions"的图层，如图 5-79 所示。

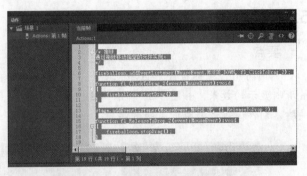

图 5-77　在"拖放"命令处双击鼠标　　　　　图 5-78　自动输入动作脚本

图 5-79　自动创建一个名称为"Actions"的图层

　　4）为了便于查看脚本，下面在"动作"面板中将注释文字删除，然后在最下方添加控制热气球缩放的脚本：

```
function fireballoonPosition(moveX,moveY,scaleNum) {
    with (fireballoon) {
            x+=moveX;
            y+=moveY;
            scaleX+=scaleNum;
            scaleY+=scaleNum;
    }
}
stage.addEventListener(KeyboardEvent.KEY_DOWN,movefireballoon);
function movefireballoon(m:KeyboardEvent) {
    switch (m.keyCode) {
            case (38) :
                    fireballoonPosition(2,2,0.1);
                    break;
            case (40) :
                    fireballoonPosition(-2,-2,-0.1);

                    break;
```

```
    }
  }
```

5）至此，由鼠标控制图片拖放和键盘控制图片缩放的效果制作完毕。下面执行菜单中的"控制 | 测试"（快捷键〈Ctrl+Enter〉）命令，即可测试由鼠标控制图片拖放和键盘控制图片缩放的效果。

5.6 模糊清晰图效果

 要点

本例将制作光标被圆形区域所替代，当在一幅模糊的图片上移动光标时圆形区域的图片会被清晰显示的效果，如图 5-80 所示。通过本例的学习，读者应掌握利用 ActionScripts 3.0 中的相关脚本制作模糊清晰图效果的方法。

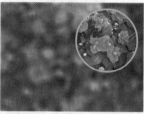

图 5-80　模糊清晰图效果

 操作步骤

1）启动 Animate CC 2017 软件，新建一个 ActionScript 3.0 文件。

2）执行菜单中的"文件 | 导入 | 导入到舞台"命令，导入网盘中的"素材及结果 \5.6 清晰模糊图效果 \ 底图 .jpg"图片，然后将"图层 1"图层命名为"模糊图"图层。

3）设置文档大小。执行菜单中的"修改 | 文档"命令，在弹出的对话框中单击"匹配内容"按钮，如图 5-81 所示，然后单击"确定"按钮，使舞台大小与图片等大，如图 5-82 所示。

图 5-81　单击"匹配内容"按钮

图 5-82　使舞台大小与图片等大

4）对图片进行模糊处理。方法：选择舞台中导入的图片，然后执行菜单中的"修改|转换为元件"（快捷键〈F8〉）命令，在弹出的"转换为元件"对话框中设置参数，如图 5-83 所示，单击"确定"按钮。接着在"属性"面板中设置其"模糊"滤镜的"模糊 X"和"模糊 Y"数值均为 30 像素，如图 5-84 所示。

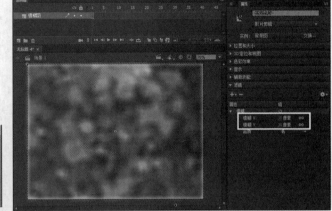

图 5-83 "转换为元件"对话框   图 5-84 设置"模糊"滤镜参数

5）在"模糊图"图层上方新建"清晰图"图层，然后从"库"面板中将"背景图"影片剪辑元件拖入舞台，并居中对齐，如图 5-85 所示。

图 5-85 将"背景图"影片剪辑元件拖入舞台，并居中对齐

6）在"清晰图"图层上方新建"遮罩圆形"图层，然后利用工具箱上的 ◯（椭圆工具）绘制一个笔触颜色为明黄色(#CCCC00)、笔触粗细为 8 像素、填充色为蓝色(#0000FF)、"宽"和"高"均为 300 像素的正圆形，接着将其居中对齐，如图 5-86 所示。

图 5-86　绘制正圆形并居中对齐

7）选择舞台中的正圆形,将其转换为"圆形"影片剪辑元件,然后在"属性"面板中将其"实例名称"命名为"masking",如图 5-87 所示。

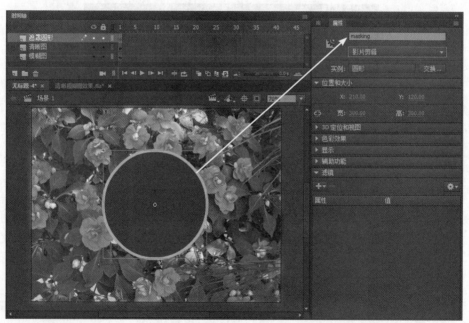

图 5-87　在"属性"面板中将其"实例名称"命名为"masking"

8）右键单击"遮罩圆形"图层,从弹出的快捷菜单中选择"遮罩层"命令,效果如图 5-88 所示。

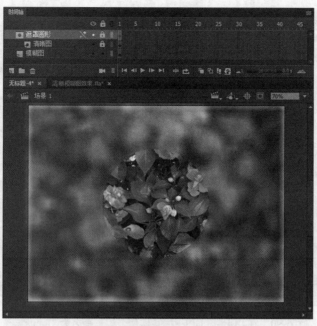

图 5-88 "遮罩层"效果

9) 在"遮罩圆形"图层上方新建"移动圆形"图层,然后绘制一个笔触颜色为明黄色(#CCCC00)、笔触粗细为 8 像素、填充为 、"宽"和"高"均为 300 像素的正圆形,接着将其居中对齐,如图 5-89 所示。

图 5-89 绘制只有笔触没有填充的的正圆形

10) 将绘制的只有笔触而没有填充的正圆形转换为"圆形描边"影片剪辑元件,然后在"属性"面板中将其"实例名称"命名为"focus",如图 5-90 所示。

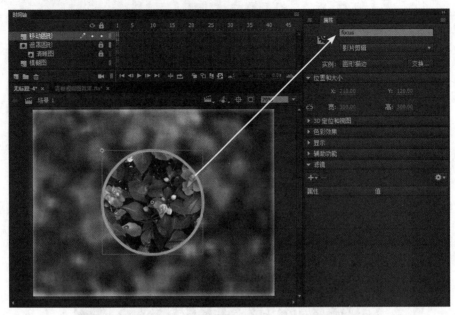

图 5-90　在"属性"面板中将"实例名称"命名为"focus"

11）选择舞台中的"圆形描边"影片剪辑实例，然后在"代码片段"面板的"ActionScript/
动作/自定义鼠标光标"命令处双击鼠标，如图 5-91 所示。此时"动作"面板中会自动输入动
作脚本，同时会自动创建一个名称为"Actions"的图层，如图 5-92 所示。接着在"动作"面板
中只保留"Mouse.hide();"脚本，删除其余脚本和注释文字。

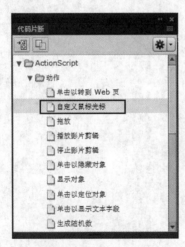

图 5-91　在"自定义鼠标
光标"命令处双击鼠标

图 5-92　自动创建一个名称为"Actions"的图层

12）在"动作"面板中"Mouse.hide();"脚本下方输入以下脚本：

```
function yd_masking(event:MouseEvent):void{
masking.startDrag(true);
};
```

```
addEventListener(MouseEvent.MOUSE_MOVE,yd_masking)
function yd_focus(e:Event):void{
focus.x=masking.x;
focus.y=masking.y;
};
addEventListener(Event.ENTER_FRAME,yd_focus);
```

13) 至此，模糊清晰图制作完毕。下面执行菜单中的"控制 | 测试"（快捷键〈Ctrl+Enter〉）命令，即可测试光标被圆形区域所替代，当在一幅模糊的图片上移动光标时圆形区域的图片会被清晰显示的效果。

5.7 倒计时动画效果

 要点

本例将制作从数字 30 开始倒计时最终显示到数字 1 的倒计时动画效果，如图 5-93 所示。通过本例的学习，读者应掌握使用 ActionScript 3.0 脚本制作倒计时动画的方法。

图 5-93　倒计时动画

 操作步骤

1. 制作背景

1) 启动 Animate CC 2017 软件，新建一个 ActionScript 3.0 文件。

2) 导入背景图片。执行菜单中的"文件 | 导入 | 导入到舞台"命令，然后在弹出的对话框中选择网盘中的"素材及结果 \ 5.7 倒计时动画 \bg.jpg"，单击"打开"按钮。

3) 设置文档大小与"背景 .jpg"图片等大。方法：执行菜单中的"修改 | 文档"（快捷键〈Ctrl+J〉）命令，在弹出的"文档设置"对话框中单击 匹配内容 按钮，如图 5-94 所示，单击"确定"按钮。

4) 为了便于管理，下面将"图层 1"图层命名为"背景"图层，然后锁定该图层，此时效果如图 5-95 所示。

2. 创建"扇形"影片剪辑元件

1) 执行菜单中的"插入 | 新建元件"（快捷键〈Ctrl+F8〉）命令，在弹出的"创建新元件"对话框中进行设置，如图 5-96 所示，单击"确定"按钮，进入"扇形"影片剪辑元件的编辑状态。

图 5-94 单击"匹配内容"按钮

图 5-95 将"图层 1"图层命名为"背景"图层

图 5-96 创建"扇形"影片剪辑元件

2) 利用工具箱上的 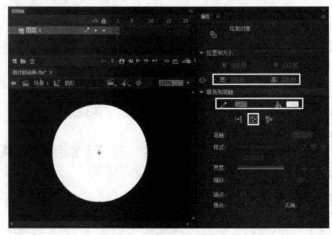（基本椭圆工具），配合键盘上的〈Shift〉键在舞台中绘制一个正圆形，然后在"属性"面板中设置正圆形的"宽"和"高"均为 220 像素，笔触颜色为☑，填充颜色为白色，接着将其中心对齐，再单击▣（创建对象）按钮，将其转换为对象，如图 5-97 所示。

图 5-97 绘制白色正圆形

3）利用工具箱上的绘制一个封闭对象（为了便于与圆形区分，此时将其填充色设置为绿色，笔触颜色为☐），如图 5-98 所示。

4）利用工具箱上的![](选择工具），框选舞台中的两个对象，然后执行菜单中的"修改 | 合并对象 | 交集"命令，从而制作出扇形对象，如图 5-99 所示。

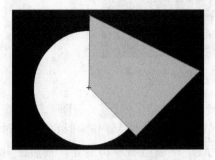

图 5-98　绘制封闭对象

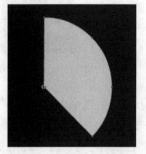

图 5-99　利用"交集"命令制作出扇形对象

5）对扇形进行填充处理。方法：选择舞台中的扇形对象，然后在"颜色"面板中将渐变类型设置为"线性渐变"，再将填充色设置为 3 种不同 Alpah 值的白色线性渐变，如图 5-100 所示。接着利用工具箱上的![](渐变变形工具）对扇形进行渐变变形处理，结果如图 5-101 所示。

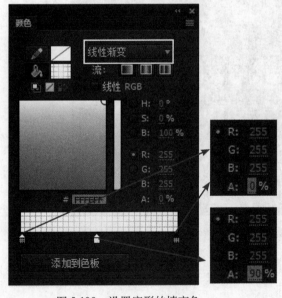

图 5-100　设置扇形的填充色

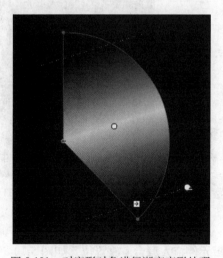

图 5-101　对扇形对象进行渐变变形处理

3. 制作旋转的彩色光环动画

1）执行菜单中的"插入 | 新建元件"（快捷键〈Ctrl+F8〉）命令，在弹出的"创建新元件"对话框中进行设置，如图 5-102 所示，单击"确定"按钮，进入"圆环"影片剪辑元件的编辑状态。

图 5-102　创建"圆环"影片剪辑元件

2）将"图层 1"图层命名为"圆环"图层，然后利用工具箱上的 <!-- ◯ --> （椭圆工具），配合键盘上的〈Shift〉键在舞台中绘制一个正圆形。接着在"属性"面板中设置正圆形的"宽"和"高"均为 191 像素，笔触颜色为 7 色彩虹渐变，填充颜色为▱，笔触粗细为 10 像素。最后在"圆环"图层的第 25 帧按快捷键〈F5〉，插入普通帧，从而将时间轴的总长度延长到第 25 帧，如图 5-103 所示。

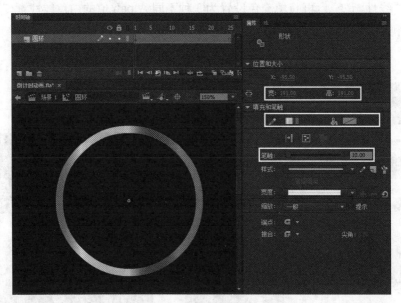

图 5-103　设置"正圆形"参数

3）在"圆环"图层上方新建"扇形旋转动画"图层，然后从"库"面板中将"扇形"影片剪辑元件拖入舞台，放置位置如图 5-104 所示。

4）利用工具箱上的 <!-- ▦ --> （任意变形工具），将舞台中的"扇形"影片剪辑实例的中心点定位到舞台中心位置，如图 5-105 所示。然后右键单击"扇形旋转动画"图层的第 1 帧，从弹出的快捷菜单中选择"创建补间动画"命令，接着在"属性"面板中将"旋转"设置为 1 次，"方向"设置为"顺时针"，如图 5-106 所示。

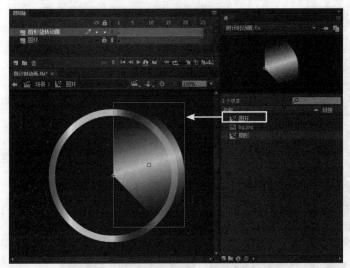

图 5-104 将"扇形"影片剪辑元件拖入舞台

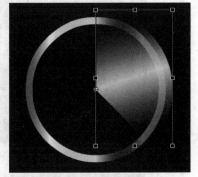

图 5-105 将舞台中的"扇形"影片
剪辑实例的中心点定位到舞台中心位置

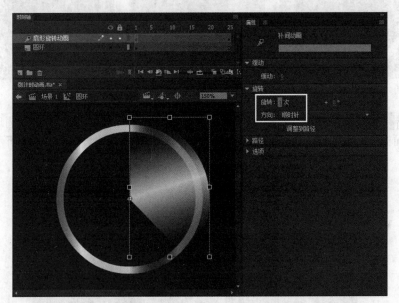

图 5-106 将补间动画的"旋转"设置为1次,"方向"设置为顺时针

5) 选择"圆环"图层中的圆环,执行菜单中的"编辑 | 复制"(快捷键〈Ctrl+C〉)命令,进行复制。然后在"扇形旋转动画"图层上方新建"圆环遮罩"图层,接着执行菜单中的"编辑 | 粘贴到当前位置"(快捷键〈Ctrl+Shift+V〉)命令,进行原地粘贴,结果如图 5-107所示。

6) 执行菜单中的"修改 | 形状 | 将线条转换为填充"命令,将原地粘贴的圆环线条转换为填充。然后右键单击"圆环遮罩"图层,从弹出的快捷菜单中选择"遮罩层"命令,结果如图 5-108所示。此时按键盘上的〈Enter〉键,即可看到彩色光环动画效果,如图 5-109所示。

图 5-107 创建"圆环遮罩"图层

图 5-108 "遮罩层"效果

图 5-109 彩色光环动画效果

7）单击 ▦ 场景 按钮，回到"场景 1"。然后在"背景"图层上方新建"圆环"图层，接着从"库"面板中将"圆环"影片剪辑元件拖入"场景 1"，放置位置如图 5-110 所示。

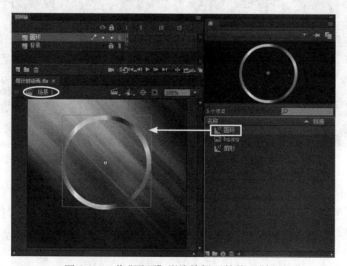

图 5-110 将"圆环"影片剪辑元件拖入"场景 1"

4. 制作倒计时动画中的文字部分

1）在"圆环"图层上方新建"读秒"图层，然后利用工具箱上的 🔲 （文本工具）在舞台中创建一个动态文本输入框，并在"属性"面板中将其"实例名称"命名为"jishu"，字符"系列"设置为"Arial"，"大小"为 80 磅，"颜色"为橘黄色 (#FF6600)，接着将段落"格式"设置为 ▇ (居中对齐)，如图 5-111 所示。

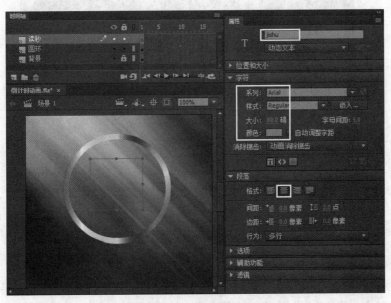

图 5-111　设置文本属性

2) 在"属性"面板中单击 ▇▇嵌入...▇▇ 按钮，然后在弹出的"字体嵌入"对话框中"字体范围"下勾选"数字"复选框，如图 5-112 所示，单击"确定"按钮。

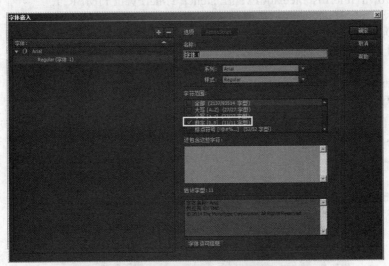

图 5-112　勾选"数字"复选框

提示：如果为动态文本框设置的是 Flash 自带的设备字体，则不需要进行字体嵌入；如果设置的是其他字体，则必须将字体嵌入到动画文件中，否则在其他不具有该字体的计算机中打开动画文件时，文本框中不能显示出文字。

3）利用工具箱上的 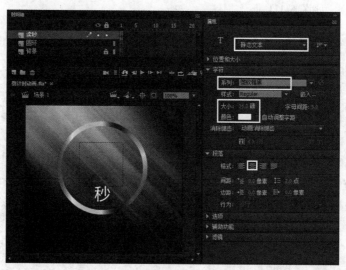（文本工具）在舞台中的动态文本输入框下方输入静态文本"秒"，参数设置及结果如图 5-113 所示。

图 5-113　静态文本"秒"参数设置及结果

4）在"读秒"图层上方新建"Actions"图层，然后右键单击"Actions"图层的第 1 帧，从弹出的快捷菜单中选择"动作"命令，接着在弹出的"动作"面板中输入以下脚本：

```
var fl_SecondsToCountDown:Number = 30;
var fl_CountDownTimerInstance:Timer = new Timer(1000, fl_SecondsToCountDown);
fl_CountDownTimerInstance.addEventListener(TimerEvent.TIMER, fl_
CountDownTimerHandler);
fl_CountDownTimerInstance.start();
function fl_CountDownTimerHandler(event:TimerEvent):void
{
    jishu.text = fl_SecondsToCountDown + "";
    fl_SecondsToCountDown--;
}
```

5）此时"场景 1"的时间轴分布如图 5-114 所示。至此，倒计时动画效果制作完毕。下面执行菜单中的"控制 | 测试"（快捷键〈Ctrl+Enter〉）命令，即可测试效果。

图 5-114　"场景 1"的时间轴分布

5.8 MP3 播放器

要点

本例将制作一个具有音乐播放功能的 MP3 播放器，如图 5-115 所示。通过本例的学习，读者应掌握利用 ActionScripts 3.0 中的相关脚本控制音乐播放、音量调整以及加载多个外部音乐的方法。

图 5-115　MP3 播放器

操作步骤

1) 启动 Animate CC 2017 软件，新建一个 ActionScript 3.0 文件。

2) 执行菜单中的"文件 | 打开"命令，打开网盘中的"素材及结果 \5.8 MP3 播放器 \MP3 播放器 - 素材 .fla"文件。

3) 在舞台中选择最左侧的播放按钮，然后在"属性"面板中将其"实例名称"命名为"play_btn"，如图 5-116 所示。

图 5-116　将播放按钮的"实例名称"命名为"play_btn"

4) 同理，为"控制按钮"图层的其余按钮指定"实例名称"为"pause_btn""stop_btn""previous_btn"和"next_btn"，如图 5-117 所示。

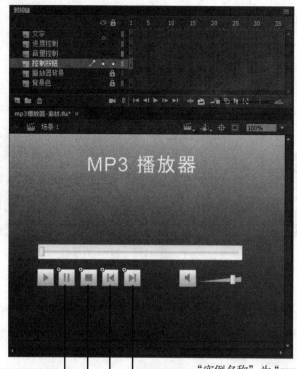

"实例名称"为"pause_btn" ——
"实例名称"为"stop_btn" ——
"实例名称"为"previous_btn"
"实例名称"为"next_btn"

图 5-117 为"控制按钮"图层的其余按钮指定"实例名称"

5）选择"音量控制"图层中的"volume scroller"影片剪辑实例，然后在"属性"面板中将其"实例名称"命名为"ylhk_mc"，如图 5-118 所示。

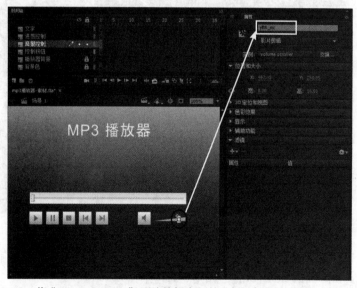

图 5-118 将"volume scroller"影片剪辑实例的"实例名称"命名为"ylhk_mc"

6）选择"音量控制"图层中的"volume bar"影片剪辑实例，然后在"属性"面板中将其"实例名称"命名为"ylhd_mc"，如图 5-119 所示。

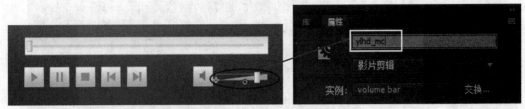

图 5-119　将"volume bar"影片剪辑实例的"实例名称"命名为"ylhd_mc"

7）选择"进度控制"图层中的"status bar scroller"影片剪辑实例，然后在"属性"面板中将其"实例名称"命名为"hk_mc"，如图 5-120 所示。

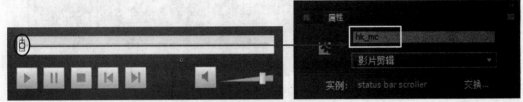

图 5-120　将"status bar scroller"影片剪辑实例的"实例名称"命名为"hk_mc"

8）选择"进度控制"图层中的"progress bar scroller"影片剪辑实例，然后在"属性"面板中将其"实例名称"命名为"hd_mc"，如图 5-121 所示。

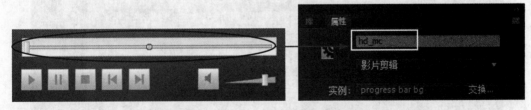

图 5-121　将"progress bar scroller"影片剪辑实例的"实例名称"命名为"hd_mc"

9）在"进度控制"图层上方新建"声音文字"图层，然后利用工具箱上的 **T**（文本工具）在舞台中创建一个动态文本框，接着在"属性"面板中将其"实例名称"命名为"gm_txt"，并设置其余参数，如图 5-122 所示。

10）在"属性"面板中单击 嵌入… 按钮，然后在弹出的"字体嵌入"对话框中勾选"简体中文 -1 级（13746/13746 字型）"复选框，如图 5-123 所示，单击"确定"按钮。

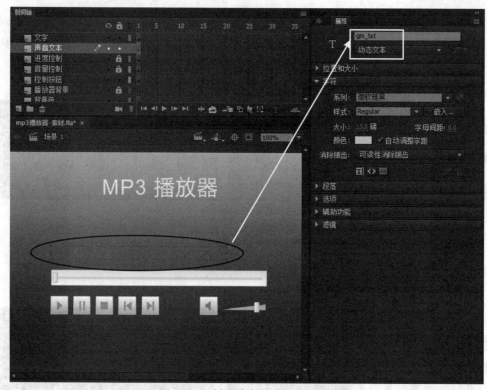

图 5-122　创建动态文本框并设置参数

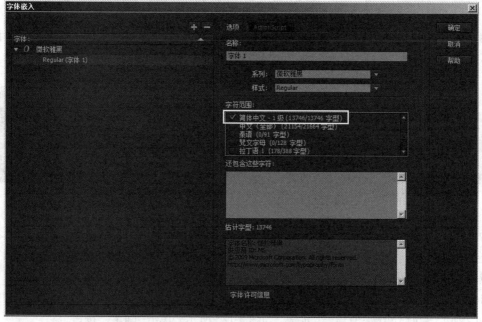

图 5-123　勾选"简体中文 -1 级（13746/13746 字型）"复选框

11）将网盘中的"素材及结果 \5.8 MP3 播放器 \beyond.mp3、黎明 .mp3、狮子王 .mp3、

献给爱丽丝 .mp3"文件复制到与当前编辑文档同级的目录下，以便后面在脚本中进行调用。

12）在"文字"图层上方新建"Actions"图层，然后右键单击"图层 1"的第 1 帧，从弹出的快捷菜单中选择"动作"命令，接着在弹出的"动作"面板中输入以下脚本（具体脚本见网盘中的"素材及结果 \5.8 MP3 播放器 \MP3 播放器 - 完成 .fla"文件）。

```
var dz:URLRequest=new URLRequest();
var sywj:Sound=new Sound();
var gqsz:Array=new Array();
var sysz:Number;
var sykz:SoundChannel=new SoundChannel();
var ztwz:Number;
var jzjd;
// 初始化
gqsz[0]={label:" 歌曲名：黎明 ",data:" 黎明 .mp3"};
gqsz[1]={label:" 歌曲名：狮子王 ",data:" 狮子王 .mp3"};
gqsz[2]={label:" 歌曲名：献给爱丽丝 ",data:" 献给爱丽丝 .mp3"};
gqsz[3]={label:" 歌曲名：光辉岁月 ",data:"beyond.mp3"};
sysz=0;
syplay();
function syplay() {
    dz.url=gqsz[sysz].data;
    sywj=new Sound();
    sywj.load(dz);
    gm_txt.text=gqsz[sysz].label;
    sywj.addEventListener(Event.OPEN,ksjz);

    sywj.addEventListener(IOErrorEvent.IO_ERROR,jzcw);
}
// 加载控制
function ksjz(event) {
    sykz.stop();
    sykz=sywj.play();
}

function jzcw(event) {
    sykz.stop();
    sysz=(sysz<gqsz.length-1)?sysz+1:0;
    syplay();
}
// 以下为播放控制
play_btn.enabled=false;
pause_btn.addEventListener(MouseEvent.CLICK,zths);
stop_btn.addEventListener(MouseEvent.CLICK,tzhs);
function bfhs(event) {
    sykz.stop();
    play_btn.removeEventListener(MouseEvent.CLICK,bfhs);
```

```
        play_btn.enabled=false;
        sykz=sywj.play(ztwz);
    }
    function zths(event) {
        play_btn.addEventListener(MouseEvent.CLICK,bfhs);
        play_btn.enabled=true;
        ztwz=sykz.position;
        sykz.stop();
    }
    function tzhs(event) {
        play_btn.addEventListener(MouseEvent.CLICK,bfhs);
        play_btn.enabled=true;
        ztwz=0;
        sykz.stop();
    }
    // 多首歌曲控制
    previous_btn.addEventListener(MouseEvent.CLICK,syshs);
    next_btn.addEventListener(MouseEvent.CLICK,xyshs);
    function syshs(event) {
        sykz.stop();
        sysz=(sysz>0)?sysz-1:gqsz.length-1;
        syplay();
    }
    function xyshs(event) {
        sykz.stop();
        sysz=(sysz<gqsz.length-1)?sysz+1:0;
        syplay();
    }
    // 播放控制条
    var zcd;
    var bfb;
    var zuo=hd_mc.x;
    var you=hd_mc.width-hk_mc.width;
    var shang=hk_mc.y;
    var xia=0;
    hk_mc.buttonMode=true;
    hd_mc.buttonMode=true;
    var fw:Rectangle=new Rectangle(zuo,shang,you,xia);
    addEventListener(Event.ENTER_FRAME,hkcfzx);
    hk_mc.addEventListener(MouseEvent.MOUSE_DOWN,axhs);
    hk_mc.addEventListener(MouseEvent.MOUSE_UP,skhs);
    hd_mc.addEventListener(MouseEvent.MOUSE_DOWN,hdax);
    hd_mc.addEventListener(MouseEvent.MOUSE_UP,hdsk);
    function hkcfzx(event) {
        zcd=sywj.length/(sywj.bytesLoaded/sywj.bytesTotal);
        bfb=sykz.position/zcd;
        if (bfb) {
```

```actionscript
            hk_mc.x=bfb*(hd_mc.width-hk_mc.width)+hd_mc.x;
    } else {
            hk_mc.x=hd_mc.x;
    }
    // 这里是循环播放
    if (Math.round((sykz.position/zcd*100))==100) {
            sykz.stop();
            sysz=(sysz<gqsz.length-1)?sysz+1:0;
            syplay();
    }// 这里是循环播放
}
function axhs(event) {
    sykz.stop();
    if (jzjd==100) {
            stage.addEventListener(MouseEvent.MOUSE_UP,wths);
            removeEventListener(Event.ENTER_FRAME,hkcfzx);
            hk_mc.startDrag(false,fw);
    }
}
function skhs(event) {
    stage.removeEventListener(MouseEvent.MOUSE_UP,wths);
    ztwz=zcd*((hk_mc.x-hd_mc.x)/(hd_mc.width-hk_mc.width));
    sykz=sywj.play(ztwz);
    addEventListener(Event.ENTER_FRAME,hkcfzx);
    hk_mc.stopDrag();
}
function wths(event) {
    stage.removeEventListener(MouseEvent.MOUSE_UP,wths);
    sykz.stop();
    ztwz=zcd*((hk_mc.x-hd_mc.x)/(hd_mc.width-hk_mc.width));
    sykz=sywj.play(ztwz);
    addEventListener(Event.ENTER_FRAME,hkcfzx);
    hk_mc.stopDrag();
}
function hdax(event) {
    stage.addEventListener(MouseEvent.MOUSE_UP,wths);
    sykz.stop();
    removeEventListener(Event.ENTER_FRAME,hkcfzx);
}
function hdsk(event) {
    if (jzjd==100) {
            stage.removeEventListener(MouseEvent.MOUSE_UP,wths);
            ztwz=zcd*((mouseX-hd_mc.x)/(hd_mc.width-hk_mc.width+hd_mc.x));
            addEventListener(Event.ENTER_FRAME,hkcfzx);
    }
    sykz=sywj.play(ztwz);
}
```

```
// 音量控制
var ylzuo=ylhd_mc.x;
var ylyou=ylhd_mc.width-ylhk_mc.width;
var ylshang=ylhk_mc.y;
var ylxia=0;
var ylkz:SoundTransform=new SoundTransform();
ylhk_mc.buttonMode=true;
var ylfw:Rectangle=new Rectangle(ylzuo,ylshang,ylyou,ylxia);
ylhk_mc.addEventListener(MouseEvent.MOUSE_DOWN,ylhk);
ylhk_mc.addEventListener(MouseEvent.MOUSE_UP,ylsk);
function ylhk(event) {
    ylhk_mc.addEventListener(Event.ENTER_FRAME,ylcfzx);
    stage.addEventListener(MouseEvent.MOUSE_UP,ylwsf);
    ylhk_mc.startDrag(false,ylfw);
}
function ylsk(event) {
    ylhk_mc.removeEventListener(Event.ENTER_FRAME,ylcfzx);
    stage.removeEventListener(MouseEvent.MOUSE_UP,ylwsf);
    ylhk_mc.stopDrag();
}
function ylwsf(event) {
    ylhk_mc.removeEventListener(Event.ENTER_FRAME,ylcfzx);
    stage.removeEventListener(MouseEvent.MOUSE_UP,ylwsf);
    ylhk_mc.stopDrag();
}
function ylcfzx(event) {
    var yl=((ylhk_mc.x-ylhd_mc.x)/(ylhd_mc.width-ylhk_mc.width)*100)/100;
    ylkz.volume=yl;
    sykz.soundTransform=ylkz;
}
```

13) 此时"场景 1"的时间轴分布如图 5-124 所示。至此，MP3 播放器制作完毕。下面执行菜单中的"控制 | 测试"（快捷键〈Ctrl+Enter〉）命令，即可测试效果。

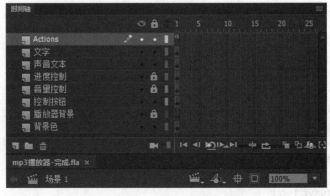

图 5-124 "场景 1"的时间轴分布

5.9 水面涟漪效果

要点

本例将制作随着鼠标移动而在画面中产生的水面涟漪效果，如图 5-125 所示。本例中没有任何元素放置到场景中，都是通过 ActionScripts 3.0 脚本调用到舞台，这是程序人员常用的技术手段。通过本例的学习，读者应掌握利用 ActionScripts 3.0 中的相关脚本制作水面涟漪效果的方法。

图 5-125　水面涟漪效果

操作步骤

1) 启动 Animate CC 2017 软件，新建一个 ActionScript 3.0 文件。

2) 设置文档大小。执行菜单中的"修改 | 文档"（快捷键〈Ctrl+J〉）命令，在弹出的"文档设置"对话框中设置"舞台大小"为 600 像素 ×480 像素，然后单击"确定"按钮。

3) 将相关图片导入库。执行菜单中的"文件 | 导入 | 导入到库"命令，导入网盘中的"素材及结果 \5.9 水面涟漪效果 \bg.jpg"图片，如图 5-126 所示。

4) 创建"pic"影片剪辑元件。执行菜单中的"插入 | 新建元件"（快捷键〈Ctrl+F8〉）命令，在弹出的"创建新元件"对话框中进行设置，如图 5-127 所示，单击"确定"按钮，进入"pic"影片剪辑元件的编辑状态。然后将"bg.jpg"从"库"面板拖入工作区中，接着在"属性"面板将舞台中的"bg.jpg"的 X、Y 坐标值均设置为 0，如图 5-128 所示。

图 5-126　将"bg.jpg"　　　图 5-127　创建"pic"影片　　　图 5-128　将"bg.jpg"的 X、Y
　　导入"库"面板　　　　　　剪辑元件　　　　　　　　坐标值均设置为 0

5) 在"库"面板中右键单击"pic"影片剪辑元件，从弹出的快捷菜单中选择"属性"命令，然后在弹出的"元件属性"对话框中勾选"为 ActionScript 导出"复选框，再在"类"右侧输入"Mc"，如图 5-129 所示，单击"确定"按钮。

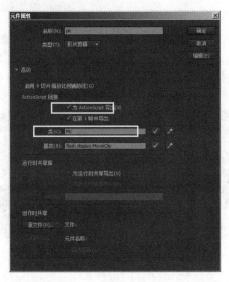

图 5-129　设置"pic"影片剪辑元件的"元件属性"参数

6）单击 场景1 按钮，回到"场景 1"。然后右键单击"图层 1"的第 1 帧，从弹出的快捷菜单中选择"动作"命令，接着在弹出的"动作"面板中输入以下脚本：

```
var k:Number=0;
var mc:MovieClip =new Mc();
addChild(mc);
var bt1:BitmapData=new BitmapData(300,240,false,0x0); // 声明一个位图数据类实例 bt1（宽
300，高 240, 不支持透明度，黑色）
var bt2:BitmapData=new BitmapData(300,240,false,0x0); // 声明一个位图数据类实例 bt2（宽
300，高 240, 不支持透明度，黑色）
var bt3:BitmapData=new BitmapData(600,480); // 声明一个位图数据类实例 bt3（宽 600, 高
480, 默认支持透明度，白色）
var filter:ConvolutionFilter=new ConvolutionFilter(3,3,[.5,1,.5,1,0,1,.5,1,.5],3);
var newfilter:DisplacementMapFilter=new DisplacementMapFilter(bt1,new
Point(0,0),4,4,50,50);
addEventListener(Event.ENTER_FRAME,onframe);// 添加帧频事件侦听，调用函数
onframe
addEventListener(MouseEvent.MOUSE_OVER,ondown);// 添加鼠标滑入事件侦听，调用函
数 ondown
addEventListener(MouseEvent.MOUSE_OUT,ondown);// 添加鼠标滑出事件侦听，调用函数
ondown
function ondown(e:MouseEvent):void { // 定义鼠标事件函数 ondown
    k++>20?k=0:k=k;//k 每帧增加 1, 如果 k 大于 20, 则 k 获取 0,否则什么也不做
}
function Rect() {// 自定义函数 Rect
```

```
        bt1.fillRect(new Rectangle(mouseX/2,mouseY/2,2,2),0xffffff);
    }
    function onframe(e:Event):void {
        k%2==1?Rect():0;
        var temp:BitmapData=bt2.clone();
        bt2.applyFilter(bt1,new Rectangle(0,0,600,480),new Point(0,0),filter);
        bt2.draw(temp,null,null,"subtract",null,false);
        bt3.draw(bt2,new Matrix(2,0,0,2),new ColorTransform(1,1,1,1,127,127,127),null,null,true);
        newfilter.mapBitmap=bt3;// 置换滤镜 newfilter 的包含置换映射数据的位图对象获取 bt3
        mc.filters=[newfilter];// 为 mc 添加置换滤镜
        temp.dispose();// 设置 temp 的宽和高都为 0, 不再调用，即从内存中清除
        temp=bt1;//temp 获取 bt1
        bt1=bt2;//bt1 获取 bt2
        bt2=temp;//bt2 获取 temp
    }
    var bmd:BitmapData;// 声明一个位图数据类变量 bmd
    var bit:Bitmap;// 声明一个位图显示类变量 bit
    var txt:TextField =new TextField();// 声明一个文本类实例 txt
```

7）至此，随着鼠标移动而在画面中产生的水面涟漪效果制作完毕。下面执行菜单中的"控制 | 测试"（快捷键〈Ctrl+Enter〉）命令，即可测试随着鼠标移动而在画面中产生的水面涟漪效果。

5.10　在小窗口中浏览大图像效果

要点

本例将制作在小窗口中浏览大图像效果，如图 5-130 所示。通过本例的学习，读者应掌握加载外部创建的 ActionScript 3.0 类与图像的方法。

图 5-130　在小窗口中浏览大图像

操作步骤

1. 创建 ActionScript 3.0 类

1）新建"building.as"文件。方法：执行菜单中的"文件 | 新建"命令，在弹出的"新建文档"对话框左侧"类型"中选择"ActionScript3.0 类"选项，然后在右侧"类名称"中输入"building"，如图 5-131 所示，单击"确定"按钮。

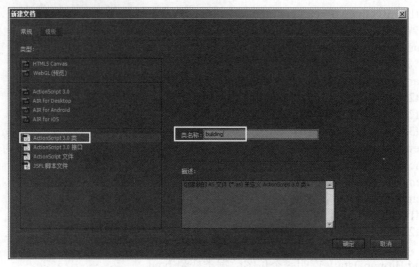

图 5-131　新建"ActionScript3.0 类"

2) 在此文件的输入窗口中输入以下脚本：

```
package {
    import flash.display.*;
    import flash.text.*;
    import flash.net.*;
    import flash.events.*;
    import fl.transitions.Tween;
    import fl.transitions.easing.*;

    public class building extends MovieClip {
        private var statusField:TextField;
        private var statusFieldFormat:TextFormat;
        private var imgReq:URLRequest;
        private var imgLoad:Loader;
        private var moveTwX:Tween;
        private var moveTwY:Tween;

        public function building(imgPath:String):void {
            this.statusField = new TextField;
            this.statusField.autoSize = TextFieldAutoSize.LEFT;
            this.statusField.selectable = false;
            this.addChild(this.statusField);
            this.statusFieldFormat = new TextFormat("Verdana", 12);

            this.imgReq = new URLRequest(imgPath);
            this.imgLoad = new Loader();
            this.imgLoad.load(this.imgReq);
            this.imgLoad.contentLoaderInfo.
```

```
addEventListener(IOErrorEvent.IO_ERROR, imgNotFound);
                    this.imgLoad.contentLoaderInfo.
addEventListener(Event.OPEN, imgLoadingStart);
                    this.imgLoad.contentLoaderInfo.
addEventListener(Event.COMPLETE, imgLoaded);

                    this.moveTwX = new Tween(this.imgLoad,
"x", null, this.imgLoad.x, this.imgLoad.x, 1);
                    this.moveTwY = new Tween(this.imgLoad,
"y", null, this.imgLoad.y, this.imgLoad.y, 1);
            }
        private function setText(tColor:uint, tMessage:String):void {
                this.statusFieldFormat.color = tColor;
                this.statusField.text = tMessage;
                this.statusField.setTextFormat(this.statusFieldFormat);
                this.statusField.x = (stage.stageWidth - this.statusField.width) / 2;
                this.statusField.y = (stage.stageHeight - this.statusField.height) / 2;
        }
        private function imgNotFound(event:Event):void {
                this.setText(0xff0000, "Wrong image path!");
        }

        private function imgLoadingStart(event:Event):void {
                this.setText(0x999999, "Loading image...");
        }
        private function imgLoaded(event:Event):void {
                this.statusField.visible = false;
                this.addChild(this.imgLoad);
                this.imgLoad.x = (stage.stageWidth - this.imgLoad.width) / 2;
                this.imgLoad.y = (stage.stageHeight - this.imgLoad.height) / 2;
                this.addEventListener(MouseEvent.MOUSE_MOVE, mouseMoving);
        }
        private function mouseMoving(event:MouseEvent):void {
                this.moveTwX.stop();
                this.moveTwY.stop();
                this.moveTwX = new Tween(this.imgLoad, "x", Strong.easeOut, this.
imgLoad.x, -(mouseX / stage.stageWidth) * (this.imgLoad.width - stage.stageWidth), 50);
                this.moveTwY = new Tween(this.imgLoad, "y", Strong.easeOut, this.
imgLoad.y, -(mouseY / stage.stageHeight) * (this.imgLoad.height - stage.stageHeight), 50);
        }
    }
}
```

3）执行菜单中的"文件 | 保存"（快捷键〈Ctrl+S〉）命令，将其保存到"5.10 在小窗口中浏览大图像效果"文件夹中。

2. 制作在小窗口中浏览大图像效果

1）启动 Animate CC 2017 软件，新建一个 ActionScript 3.0 文件。然后将其保存到与 "building.as" 相同的 "5.10 在小窗口中浏览大图像效果" 文件夹中，名称为 "building.fla"。

2）设置浏览窗口尺寸。方法：执行菜单中的 "修改 | 文档"（快捷键〈Ctrl+J〉）命令，在弹出的 "文档设置" 对话框中设置 "舞台大小" 为 500 像素 ×400 像素，然后单击 "确定" 按钮。

3）将网盘中的 "素材及结果 \5.10 在小窗口中浏览大图像效果 \building.jpg" 图片复制到与 "building.fla" 文件相同的文件夹中。

4）右键单击 "图层 1" 的第 1 帧，从弹出的快捷菜单中选择 "动作" 命令，接着在弹出的 "动作" 面板中输入以下脚本：

```
var IS:building = new building("building.jpg");
addChild(IS);
```

5）至此，在小窗口中浏览大图像效果制作完毕。下面执行菜单中的 "控制 | 测试"（快捷键〈Ctrl+Enter〉）命令，即可测试效果。

5.11 下雪效果

要点

本例将制作雪花纷飞的下雪效果，如图 5-132 所示。通过本例的学习，读者应掌握利用 ActionScript 3.0 类文件与动画相关联的方法。

图 5-132　下雪效果

操作步骤

1. 创建名称为 "Point3D" 的 ActionScript 3.0 类

1）执行菜单中的 "文件 | 新建" 命令，在弹出的 "新建文档" 对话框左侧 "类型" 中选择 "ActionScript3.0 类" 选项，然后在右侧 "类名称" 中输入 "SnowFlake"，如图 5-133 所示，单击 "确定" 按钮。

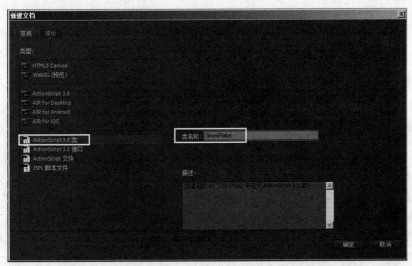

图 5-133　新建名称为 "SnowFlake" 的 "ActionScript3.0 类"

2) 在此文件的输入窗口中输入以下脚本：

```
package
{
import flash.display.*;
import flash.events.*;
public class SnowFlake extends MovieClip
{
var radians = 0;//radians
var speed = 0;
var radius = 5;
var stageHeight;
public function SnowFlake (h:Number)
{
speed =.01+.5*Math.random();
radius =.1+2*Math.random();
stageHeight = h;
this.addEventListener (Event.ENTER_FRAME,Snowing);
// 这个 this 是库中的 SnowFlake 影片剪辑
}
function Snowing (e:Event):void
{
radians += speed;
this.x += Math.round(Math.cos(radians));
this.y += 2;
if (this.y > stageHeight)
{
this.y = -20;
}
```

```
            }
        }
    }
```

3）执行菜单中的"文件 | 保存"（快捷键〈Ctrl+S〉）命令，将其保存到"5.11 下雪效果"文件夹中。

2. 制作下雪效果

1）启动 Animate CC 2017 软件，新建一个 ActionScript 3.0 文件。然后将其保存到与"SnowFlake.as"文件相同的"5.11 下雪效果"文件夹中，名称为"下雪效果 .fla"。

2）执行菜单中的"文件 | 导入 | 导入到舞台"命令，导入网盘中的"素材及结果 \5.11 下雪效果 \ 背景 .jpg"图片。

3）设置文档大小。方法：执行菜单中的"修改 | 文档"命令，在弹出的对话框中单击"匹配内容"按钮，然后将"舞台颜色"设置为黑色，如图 5-134 所示，接着单击"确定"按钮，使舞台大小与图片等大，如图 5-135 所示。

图 5-134 "文档设置"对话框　　　　　图 5-135　使舞台大小与图片等大

4）创建"Snow"影片剪辑元件。方法：执行菜单中的"插入 | 新建元件"（快捷键〈Ctrl+F8〉）命令，在弹出的"创建新元件"对话框中进行设置，如图 5-136 所示，单击"确定"按钮，进入"Snow"影片剪辑元件的编辑状态。然后利用工具箱上的 ⬤（椭圆工具），配合键盘上的〈Shift〉键，在舞台中绘制一个笔触颜色为 ⬚，填充色为两种不同 Alpah 值的白色径向渐变的正圆形，并在"属性"面板中将正圆形的"宽"和"高"均设置为 10 像素，最后将正圆形中心对齐，如图 5-137 所示。

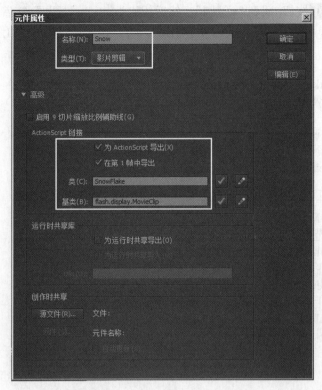

图 5-136　新建名称为"Snow"的影片剪辑元件

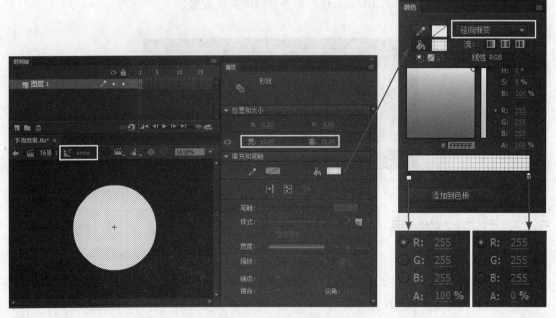

图 5-137　绘制正圆形

5）单击 场景 1 按钮，回到"场景 1"。然后新建"Actions"图层，接着右键单击"Actions"图层的第 1 帧，从弹出的快捷菜单中选择"动作"命令，接着在弹出的"动作"面板中输入以下脚本：

```
import SnowFlake;
function DisplaySnow ()
{
for (var i:int=0; i<50; i++){
// 最多产生 50 个雪花
var _SnowFlake:SnowFlake = new SnowFlake(500);
 this.addChild (_SnowFlake);
 _SnowFlake.x =Math.random()*550;
 _SnowFlake.y =Math.random()*510;
// 在 600×400 范围内随机产生雪花
 _SnowFlake.alpha = .2+Math.random()*5;
// 设置雪花随机透明度
var scale:Number = .3+Math.random()*2;
// 设置雪花随机大小
 _SnowFlake.scaleX =_SnowFlake.scaleY =scale;
// 按随机比例放大雪花
}
}
DisplaySnow();}
```

6）此时"场景 1"的时间轴分布如图 5-138 所示。至此，下雪效果制作完毕。下面执行菜单中的"控制 | 测试"（快捷键〈Ctrl+Enter〉）命令，即可测试效果。

图 5-138 "场景 1"的时间轴分布

5.12 礼花绽放效果

 要点

本例将制作夜空中礼花绽放的效果，如图 5-139 所示。通过本例的学习，读者应掌握利用多个 ActionScript 3.0 类文件与动画相关联的方法。

图 5-139 礼花绽放效果

 操作步骤

1. 创建名称为"Point3D"的 ActionScript 3.0 类

1) 执行菜单中的"文件 | 新建"命令,在弹出的"新建文档"对话框左侧"类型"中选择"ActionScript3.0 类"选项,然后在右侧"类名称"中输入"Point3D",如图 5-140 所示,单击"确定"按钮。

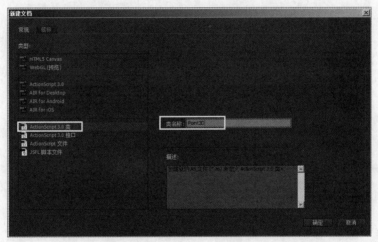

图 5-140 新建名称为"Point3D"的"ActionScript3.0 类"

2) 在此文件的输入窗口中输入以下脚本:

```
package flashandmath {
    public class Point3D {
        public var x:Number;
        public var y:Number;
        public var z:Number;
        private var outputPoint:Point3D;
        public function Point3D(x1:Number=0,y1:Number=0,z1:Number=0) {
            this.x = x1;
            this.y = y1;
            this.z = z1;
        }
```

```
        public function clone():Point3D {
                outputPoint = new Point3D();
                outputPoint.x = this.x;
                outputPoint.y = this.y;
                outputPoint.z = this.z;
                return outputPoint;
        }
    }
}
```

3) 执行菜单中的"文件 | 保存"（快捷键〈Ctrl+S〉）命令，将其保存到"5.12 礼花绽放效果 \flashandmath" 文件夹中。

2. 创建名称为"Particle3D"的 ActionScript 3.0 类

1) 执行菜单中的"文件 | 新建"命令，在弹出的"新建文档"对话框左侧"类型"中选择 "ActionScript3.0 类"选项，然后在右侧"类名称"中输入"Particle3D"，如图 5-141 所示， 单击"确定"按钮。

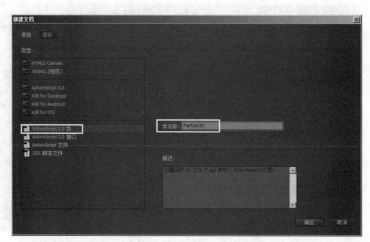

图 5-141 新建名称为"Particle3D"的"ActionScript3.0 类"

2) 在此文件的输入窗口中输入以下脚本：

```
package flashandmath {
    import flashandmath.Point3D;
    public class Particle3D {
            public var size:Number;
            public var color:uint;
            public var pos:Point3D;
            public var vel:Point3D;
            public var accel:Point3D;
            public var airResistanceFactor:Number;
            public var age:Number;
```

```
                public var lifeSpan:Number;
                public var next:Particle3D;
                public var prev:Particle3D;
                public var envelopeTime1:Number;
                public var envelopeTime2:Number;
                public var envelopeTime3:Number;
                public var paramInit:Number;
                public var paramHold:Number;
                public var paramLast:Number;
                public var dead:Boolean;
                public function Particle3D(x0:Number=0,y0:Number=0
        , z0:Number = 0, velX:Number = 0, velY:Number = 0, velZ:Number = 0) {
                        pos = new Point3D(x0,y0,z0);
                        vel = new Point3D(velX, velY, velZ);
                        accel = new Point3D();
                        size = 1;
                        color = 0xFFFFFF;
                        airResistanceFactor = 0.03;
                        dead = false;
                }
        }
}
```

3）执行菜单中的"文件 | 保存"（快捷键〈Ctrl+S〉）命令，将其保存到"5.12　礼花绽放效果 \flashandmath"文件夹中。

3. 创建名称为"Particle3DList"的 ActionScript 3.0 类

1）执行菜单中的"文件 | 新建"命令，在弹出的"新建文档"对话框左侧"类型"中选择"ActionScript3.0 类"选项，然后在右侧"类名称"中输入"Particle3DList"，如图 5-142 所示，单击"确定"按钮。

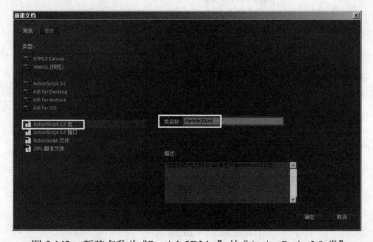

图 5-142　新建名称为"Particle3DList"的"ActionScript3.0 类"

2) 在此文件的输入窗口中输入以下脚本：

```
package flashandmath {
    import flashandmath.Particle3D;
    public class Particle3DList {
            public var first:Particle3D;
            public var recycleBinListFirst:Particle3D;
            public var numOnStage:Number;
            public var numInRecycleBin:Number;
            public function Particle3DList() {
                    numOnStage = 0;
                    numInRecycleBin = 0;
            }
            public function addParticle(x0:Number = 0, y0:Number = 0, z0:Number
= 0, velX:Number = 0, velY:Number = 0, velZ:Number = 0):Particle3D {
                    var particle:Particle3D;
                    numOnStage++;
                    if (recycleBinListFirst != null) {
                            numInRecycleBin--;
                            particle = recycleBinListFirst;
                            if (particle.next != null) {
                                    recycleBinListFirst = particle.next;
                                    particle.next.prev = null;
                            }
                            else {
                                    recycleBinListFirst = null;
                            }
                            particle.pos.x = x0;
                            particle.pos.y = y0;
                            particle.pos.z = z0;
                            particle.vel.x = velX;
                            particle.vel.y = velY;
                            particle.vel.z = velZ;
                    }
                    else {
                            particle = new Particle3D(x0,y0,z0,velX,velY,velZ);
                    }
                    particle.age = 0;
                    particle.dead = false;
                    if (first == null) {
                            first = particle;
                            particle.prev = null;
                            particle.next = null;
                    }
```

```
                else {
                        particle.next = first;
                        first.prev = particle;
                        first = particle;
                        particle.prev = null;
                }
                return particle;
        }
        public function recycleParticle(particle:Particle3D):void {
                numOnStage--;
                numInRecycleBin++;
                if (first == particle) {
                        if (particle.next != null) {
                                particle.next.prev = null;
                                first = particle.next;
                        }
                        else {
                                first = null;
                        }
                }
                else {
                        if (particle.next == null) {
                                particle.prev.next = null;
                        }
                        else {
                                particle.prev.next = particle.next;
                                particle.next.prev = particle.prev;
                        }
                }

                if (recycleBinListFirst == null) {
                        recycleBinListFirst = particle;
                        particle.prev = null;
                        particle.next = null;
                }
                else {
                        particle.next = recycleBinListFirst;
                        recycleBinListFirst.prev = particle;
                        recycleBinListFirst = particle;
                        particle.prev = null;
                }

                }
        }
}
```

3）执行菜单中的"文件 | 保存"（快捷键〈Ctrl+S〉）命令，将其保存到"5.12 礼花绽放效果 \flashandmath"文件夹中。

4. 制作礼花绽放效果

1）启动 Animate CC 2017 软件，新建一个 ActionScript 3.0 文件。然后将其保存到"5.12 礼花绽放效果"文件夹中，名称为"礼花绽放效果 .fla"。

2）执行菜单中的"文件 | 导入 | 导入到舞台"命令，导入网盘中的"素材及结果 \5.12 礼花绽放效果 \bg.jpg"图片。

3）设置文档大小。方法：执行菜单中的"修改 | 文档"命令，在弹出的对话框中单击"匹配内容"按钮，如图 5-143 所示，然后单击"确定"按钮，使舞台大小与图片等大，如图 5-144 所示。

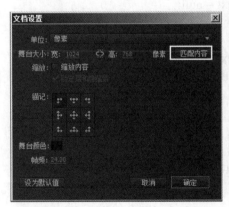

图 5-143　单击"匹配内容"按钮　　　　　图 5-144　使舞台大小与图片等大

4）创建"McSkyline"影片剪辑元件。方法：执行菜单中的"插入 | 新建元件"（快捷键〈Ctrl+F8〉）命令，在弹出的"创建新元件"对话框中进行设置，如图 5-145 所示，单击"确定"按钮。

5）单击  场景 1 按钮，回到"场景 1"。然后新建"Actions"图层，接着右键单击"as"图层的第 1 帧，从弹出的快捷菜单中选择"动作"命令，接着在弹出的"动作"面板中输入以下脚本：

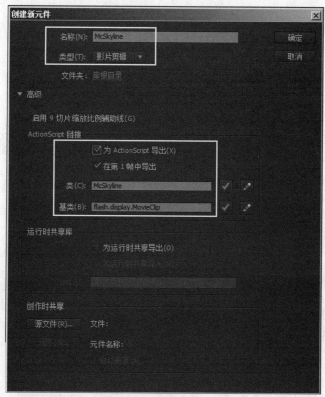

图 5-145　新建名称为 "McSkyline" 的影片剪辑元件

```actionscript
import flashandmath.Particle3D;
import flashandmath.Particle3DList;
import flash.display.Shape;
var flareList:Particle3DList;
var sparkList:Particle3DList;
var sparkBitmapData:BitmapData;
var sparkBitmap:Bitmap;
var waitCount:int;
var count:int;
var darken:ColorTransform;
var origin:Point;
var blur:BlurFilter;
var sky:Sprite;
var minWait:Number;
var maxWait:Number;
var colorList:Vector.<uint>;
var maxDragFactorFlare:Number;
var maxDragFactorSpark:Number;
var maxNumSparksAtNewFirework:Number;
var displayHolder:Sprite;
var displayWidth:Number;
var displayHeight:Number;
```

```
var starLayer:Sprite;
var particle:Particle3D;
var nextParticle:Particle3D;
var spark:Particle3D;
var nextSpark:Particle3D;
var phi:Number;
var theta:Number;
var mag:Number;
var dragFactor:Number;
var flareOriginX:Number;
var flareOriginY:Number;
var numFlares:Number;
var numSparks:Number;
var sparkAlpha:Number;
var sparkColor:uint;
var randDist:Number;
var presentAlpha:Number;
var colorParam:Number;
var fireworkColor:uint;
var grayAmt:Number;
var gravity:Number;
var maxNumFlares:Number;
var maxNumSparksPerFlare:int;
var topMargin:Number;
init();
function init():void {
    displayWidth = 600;
    displayHeight = 600;
    waitCount = 100;
    minWait = 10;
    maxWait = 130;
    count = waitCount - 1;
    flareList = new Particle3DList();
    sparkList = new Particle3DList();
    maxDragFactorFlare = 0.6;
    maxDragFactorSpark = 0.6;
    maxNumSparksAtNewFirework = 3000;
    gravity = 0.03;
    maxNumFlares = 90;
    maxNumSparksPerFlare = 2;
    topMargin = 6;
    displayHolder = new Sprite;
    displayHolder.x = 0;
    displayHolder.y = 0;
    sparkBitmapData = new BitmapData(displayWidth, displayHeight, true, 0x00000000);
    sparkBitmap = new Bitmap(sparkBitmapData);
    var alphaToWhite:Number = 0.5;
```

```
            var alphaMult:Number = 1.6;
            var cmf:ColorMatrixFilter = new ColorMatrixFilter([1,0,0,alphaToWhite,0,
                    0,1,0,alphaToWhite,0,
                        0,0,1,alphaToWhite,0,
                        0,0,0,alphaMult,0]);
        sparkBitmap.filters = [cmf];
        sky = new Sprite();
        sky.graphics.drawRect(0,0,displayWidth, displayHeight);
        sky.graphics.endFill();
        starLayer = new Sprite();
        starLayer.x = 0;
        starLayer.y = 0;
        starLayer.blendMode = BlendMode.LIGHTEN;
        var k:int;
        var starGray:Number;
        var starY:Number;
        for (k = 0; k < 100; k++) {
                starY = Math.random()*(displayHeight - 2);
                starGray = Math.max(0, 255*(1 - 0.8*starY/displayHeight));
                starLayer.graphics.beginFill(starGray << 16 | starGray << 8 | starGray);
                starLayer.graphics.drawCircle(Math.random()*displayWidth, starY, 0.25 +
        0.5*Math.random());
                starLayer.graphics.endFill();
        }
        var skyline:Sprite = new McSkyline() as Sprite;
        skyline.x = 0;
        skyline.y = displayHeight;
        var frame:Shape = new Shape();
        frame.graphics.lineStyle(1,0x111111);
        frame.graphics.drawRect(0,0,displayWidth,displayHeight);
        frame.x = displayHolder.x;
        frame.y = displayHolder.y;
        this.addChild(displayHolder);
        displayHolder.addChild(sky);
        displayHolder.addChild(starLayer);
        displayHolder.addChild(sparkBitmap);
        displayHolder.addChild(skyline);
        this.addChild(frame);
        darken = new ColorTransform(1,1,1,0.87);
        blur = new BlurFilter(4,4,1);
        origin = new Point(0,0);
        colorList = new <uint>[0x68ff04, 0xefe26d, 0xfc4e50, 0xfffae7, 0xffffff, 0xffc100,
                            0xe02222, 0xffa200, 0xff0000, 0x8aaafd,
        0x3473e5, 0xc157b7,
                            0x9b3c8a, 0xf9dc98, 0xdc9c45, 0xee9338];
        this.addEventListener(Event.ENTER_FRAME, onEnter);
    }
```

```
function onEnter(evt:Event):void {
    count++;
    if ((count >= waitCount)&&(sparkList.numOnStage < maxNumSparksAtNewFirework)) {
            //the time before another firework will be randomized:
            waitCount = minWait+Math.random()*(maxWait - minWait);
            fireworkColor = randomColor();
            count = 0;
            flareOriginX = 125 + Math.random()*300;
            flareOriginY = 90 + Math.random()*90;
            var i:int;
            var sizeFactor:Number = 0.1 + Math.random()*0.9;
            numFlares = (0.25+0.75*Math.random()*sizeFactor)*maxNumFlares;
            for (i = 0; i < numFlares; i++) {
                    var thisParticle:Particle3D = flareList.addParticle(flareOriginX,
flareOriginY,0);
                    theta = 2*Math.random()*Math.PI;
                    phi = Math.acos(2*Math.random()-1);
                    mag = 8 + sizeFactor*sizeFactor*10;
                    thisParticle.vel.x = mag*Math.sin(phi)*Math.cos(theta);
                    thisParticle.vel.y = mag*Math.sin(phi)*Math.sin(theta);
                    thisParticle.vel.z = mag*Math.cos(phi);
                    thisParticle.airResistanceFactor = 0.015;
                    thisParticle.envelopeTime1 = 45 + 60*Math.random();

                    thisParticle.color = fireworkColor;
            }
    }
    particle  = flareList.first;
    while (particle != null) {
            nextParticle = particle.next;
            dragFactor = particle.airResistanceFactor*Math.sqrt(particle.vel.x*particle.vel.x +
particle.vel.y*particle.vel.y + particle.vel.z*particle.vel.z);
            if (dragFactor > maxDragFactorFlare) {
                    dragFactor = maxDragFactorFlare;
            }
            particle.vel.x += 0.05*(Math.random()*2 - 1);
            particle.vel.y += 0.05*(Math.random()*2 - 1) + gravity;
            particle.vel.z += 0.05*(Math.random()*2 - 1);
            particle.vel.x -= dragFactor*particle.vel.x;
            particle.vel.y -= dragFactor*particle.vel.y;
            particle.vel.z -= dragFactor*particle.vel.z;
            particle.pos.x += particle.vel.x;
            particle.pos.y += particle.vel.y;
            particle.pos.z += particle.vel.z;
            particle.age += 1;
            if (particle.age > particle.envelopeTime1) {
                    particle.dead = true;
```

```
            }
            if ((particle.dead)||(particle.pos.x > displayWidth) || (particle.pos.x < 0) || (particle.
pos.y > displayHeight) || (particle.pos.y < -topMargin)) {
                    flareList.recycleParticle(particle);
            }
            else {
                    numSparks = Math.floor(Math.random()*(maxNumSparksPerFlare+1)*(1
- particle.age/particle.envelopeTime1));
                    for (i = 0; i < maxNumSparksPerFlare; i++) {
                            randDist = Math.random();
                            var thisSpark:Particle3D = sparkList.addParticle(particle.pos.x -
randDist*particle.vel.x, particle.pos.y - randDist*particle.vel.y, 0, 0);
                            thisSpark.vel.x = 0.2*(Math.random()*2 - 1);
                            thisSpark.vel.y = 0.2*(Math.random()*2 - 1);
                            thisSpark.envelopeTime1 = 10+Math.random()*40;
                            thisSpark.envelopeTime2 = thisSpark.envelopeTime1 + 6 + Math.
random()*6;
                            thisSpark.airResistanceFactor = 0.2;
                            thisSpark.color = particle.color;
                    }
            }
            particle = nextParticle;
    }
    sparkBitmapData.lock();
    sparkBitmapData.colorTransform(sparkBitmapData.rect, darken);
    sparkBitmapData.applyFilter(sparkBitmapData, sparkBitmapData.rect, origin, blur);
    spark  = sparkList.first;
    while (spark != null) {
            nextSpark = spark.next;
            dragFactor = spark.airResistanceFactor*Math.sqrt(spark.vel.x*spark.vel.x + spark.
vel.y*spark.vel.y);
            if (dragFactor > maxDragFactorSpark) {
                    dragFactor = maxDragFactorSpark;
            }
            spark.vel.x += 0.07*(Math.random()*2 - 1);
            spark.vel.y += 0.07*(Math.random()*2 - 1) + gravity;
            spark.vel.x -= dragFactor*spark.vel.x;
            spark.vel.y -= dragFactor*spark.vel.y;
            spark.pos.x += spark.vel.x;
            spark.pos.y += spark.vel.y;
            spark.age += 1;
            if (spark.age < spark.envelopeTime1) {
                    sparkAlpha = 255;
            }
            else if (spark.age < spark.envelopeTime2) {
                    sparkAlpha = -255/spark.envelopeTime2*(spark.age - spark.
```

```
envelopeTime2);
        }
        else {
                spark.dead = true;
        }
        if ((spark.dead)||(spark.pos.x > displayWidth) || (spark.pos.x < 0) || (spark.pos.y >
displayHeight) || (spark.pos.y < -topMargin)) {
                sparkList.recycleParticle(spark);
        }
        sparkColor = (sparkAlpha << 24) | spark.color;

        presentAlpha = (sparkBitmapData.getPixel32(spark.pos.x, spark.pos.y) >> 24) &
0xFF;
        if (sparkAlpha > presentAlpha) {
                sparkBitmapData.setPixel32(spark.pos.x, spark.pos.y, sparkColor);
        }
        spark = nextSpark;
    }
    sparkBitmapData.unlock();
    grayAmt = 4 + 26*sparkList.numOnStage/5000;
    if (grayAmt > 30) {
            grayAmt = 30;
    }
    sky.transform.colorTransform = new ColorTransform(1,1,1,1,grayAmt,grayAmt,1.08*grayA
mt,0);
}
function randomColor():uint {
    var index:int = Math.floor(Math.random()*colorList.length);
    return colorList[index];
}
```

6)　此时"场景 1"的时间轴分布如图 5-146 所示。至此，礼花绽放效果制作完毕。下面执行菜单中的"控制 | 测试"（快捷键〈Ctrl+Enter〉）命令，即可测试效果。

图 5-146 "场景 1"的时间轴分布

5.13　砸金蛋游戏

要点

　　本例将制作一个砸金蛋游戏。当单击不同的金蛋后，金蛋就会破碎，并随机显示出文字"谢谢参与"或"哇！现金"，如图 5-147 所示。通过对本例的学习，读者应掌握 ActionScript 3.0 类与标签的综合应用。

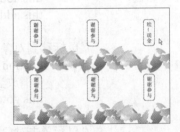

图 5-147　砸金蛋游戏

操作步骤

1. 创建 ActionScript 3.0 类

　　1）新建"egg.as"文件。方法：执行菜单中的"文件 | 新建"命令，在弹出的"新建文档"对话框左侧"类型"中选择"ActionScript3.0 类"选项，然后在右侧"类名称"中输入"egg"，如图 5-148 所示，单击"确定"按钮。此时 Animate CC 2017 会自动把类中的结构添加到脚本文件中，如图 5-149 所示。

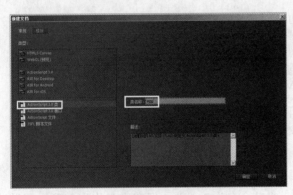

图 5-148　新建类名称为"egg"的文件

图 5-149　脚本文件

　　2）在"egg"类中重新输入以下定义类的语句：

```
// 定义包
package {
    // 引入需要的类
    import flash.display.MovieClip;
    import flash.events.MouseEvent;
```

```
import flash.text.TextField;
// 定义 egg 类
public class egg extends MovieClip {
        // 定义类的构造函数
        public function egg() {
                // 在当前对象上注册三个鼠标事件
                this.addEventListener(MouseEvent.MOUSE_OVER,overEgg);
                this.addEventListener(MouseEvent.MOUSE_DOWN,downEgg);
                this.addEventListener(MouseEvent.MOUSE_OUT,outEgg);
        }
        // 鼠标移到对象上时的处理函数
        private function overEgg(e:MouseEvent) {
                // 播放当前对象的金蛋摇动动画
                this.gotoAndPlay(2);
        }
        // 鼠标单击对象时的处理函数
private function downEgg(e:MouseEvent) {
                // 单击后金蛋不再响应任何事件，注销这些事件侦听
                this.removeEventListener(MouseEvent.MOUSE_OVER,overEgg);
                this.removeEventListener(MouseEvent.MOUSE_DOWN,downEgg);
                this.removeEventListener(MouseEvent.MOUSE_OUT,outEgg);
                // 随机生成金蛋内的文字
                if(Math.random()>0.7){
                        this.t.text=" 哇! 现金 ";
                }else{
                        this.t.text=" 谢谢参与 ";
                }
                // 播放金蛋破裂动画
                this.gotoAndPlay("crack");
        }
        // 鼠标移出对象时的处理函数
        private function outEgg(e:MouseEvent) {
                // 回到金蛋初始状态
                this.gotoAndStop("start");
        }
    }
}
```

3）执行菜单中的"文件 | 保存"命令，将其命名为"egg"，保存在名称为" 砸金蛋游戏"的文件夹中，如图 5-150 所示。

2. 制作金蛋破碎效果

1）启动 Animate CC 2017 软件，新建一个 ActionScript 3.0 文件，然后将其保存到与"egg.as"相同的" 砸金蛋游戏" 文件夹中，名称为"砸金蛋游戏 .fla"。

2）执行菜单中的"插入 | 新建元件"（快捷键〈Ctrl+F8〉）命令，然后在弹出的"创建新元件"对话框中进行如图 5-151 所示设置，单击"确定"按钮，进入"金蛋"影片剪辑元件的编辑状态。

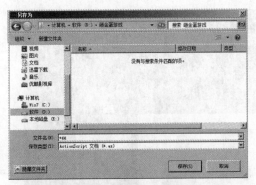

图 5-150　保存 "egg" 类

图 5-151　新建 "金蛋" 影片剪辑元件

3) 将 "金蛋" 影片剪辑元件中的 "图层 1" 重命名为 "文字"，然后使用工具箱上的 ▣ (矩形工具) 绘制一个笔触颜色为蓝色、填充色为无色的圆角矩形并使其中心对齐，如图 5-152 所示。接着使用工具箱上的 Ｔ (文本工具) 在圆角矩形上添加一个动态文本框，并在 "属性" 面板中设置相关参数，如图 5-153 所示。最后单击 "嵌入" 按钮嵌入字体，从而避免客户端可能出现的丢失字体的问题，此时嵌入的字体会自动添加到 "库" 面板中，如图 5-154 所示。

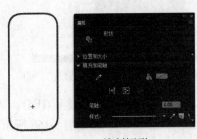
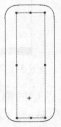

图 5-152　绘制矩形　　　　　图 5-153　添加动态文本框　　　图 5-154　嵌入的字体会
　　　　　　　　　　　　　　　　　　　　　　　　　　　　　　　　　自动添加到 "库" 面板中

4) 在 "文字" 图层的第 17 帧按快捷键〈F5〉，插入普通帧，从而使时间轴的总长度延长到第 17 帧。

5) 绘制金蛋图形。新建 "金蛋" 图层，然后使用工具箱上的 ◯ (椭圆工具) 和 ▸ (选择工具) 绘制一个笔触颜色为无色，填充色为金黄－白、径向渐变的鸡蛋形状，如图 5-155 所示。

6) 制作金蛋破碎前左右晃动的效果。分别在 "金蛋" 图层的第 3、5 和 7 帧按快捷键〈F6〉，插入关键帧，然后将第 3 帧的鸡蛋图形逆时针旋转一下，如图 5-156 所示，再将第 5 帧的鸡蛋图形顺时针旋转一下，如图 5-157 所示。

图 5-155　创建鸡蛋形状

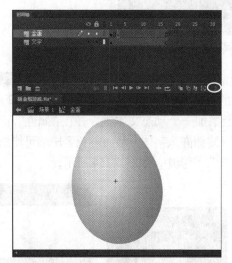

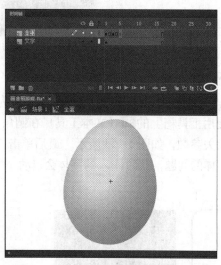

图 5-156　将第 3 帧的鸡蛋图形逆时针旋转一下　　图 5-157　将第 5 帧的鸡蛋图形顺时针旋转一下

7）制作金蛋的裂纹效果。分别在"金蛋"图层的第 8、10、12 和 14 帧按快捷键〈F6〉，插入关键帧。然后使用工具箱上的▨（铅笔工具）分别在不同帧绘制出裂纹效果，如图 5-158 所示。

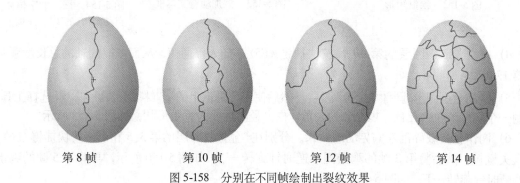

第 8 帧　　　　　　第 10 帧　　　　　　第 12 帧　　　　　　第 14 帧

图 5-158　分别在不同帧绘制出裂纹效果

8）制作金蛋破碎成碎片的效果。分别在"金蛋"图层的第 16 和 17 帧按快捷键〈F6〉，插入关键帧，然后在不同帧调整金蛋破碎成碎片的效果，如图 5-159 所示。

提示：为了便于调整金蛋的碎片，此时可以隐藏"文字"图层。

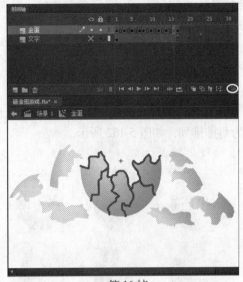
第 16 帧

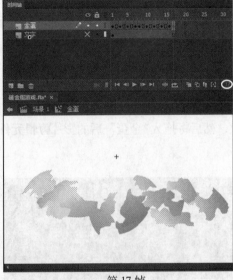
第 17 帧

图 5-159　在不同帧调整金蛋破碎成碎片的效果

9）新建"Actions"图层，然后将第 1 帧"标签"的名称设置为"start"，接着将第 8 帧"标签"的名称设置为"crack"，此时时间轴分布如图 5-160 所示。

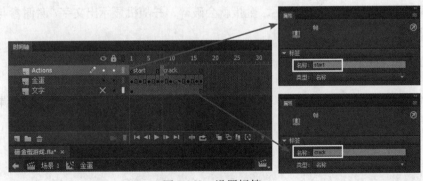

图 5-160　设置标签

10）为了使金蛋单击前处于完好的静止状态，下面右键单击"Actions"图层的第 1 帧，从弹出的快捷菜单中选择"动作"命令，然后在弹出的"动作"面板中输入以下语句：

```
stop();
```

11）为了使单击金蛋，金蛋破碎后处于静止状态，下面在"Actions"图层的第 17 帧按快捷键〈F7〉，插入空白关键帧。然后右键单击"Actions"图层的第 17 帧，从弹出的快捷菜单中选择"动作"命令。接着在弹出的"动作"面板中输入以下语句：

```
stop();
```

12）为了使当鼠标悬停在金蛋上时，金蛋只是晃动，而不破裂。下面在"Actions"图层的第 7 帧按快捷键〈F7〉，插入空白关键帧。然后右键单击"Actions"图层的第 7 帧，从弹出的快捷菜单中选择"动作"命令。接着在弹出的"动作"面板中输入以下语句：

```
gotoAndPlay(2);
```

此时时间轴分布如图 5-161 所示。

13）单击按钮 ，回到"场景 1"。将"金蛋"影片剪辑元件从"库"面板中拖入工作区 6 次，然后将拖入"金蛋"后的影片剪辑元件分为两排排列，如图 5-162 所示。

图 5-161　时间轴分布

图 5-162　将"金蛋"影片剪辑元件分为两排排列

14）至此，砸金蛋游戏制作完毕。下面执行菜单中的"控制 | 测试"（快捷键〈Ctrl+Enter〉）命令，即可出现当单击不同的金蛋后，金蛋就会破碎，并随机显示出文字"谢谢参与"或"哇！现金"的效果。

5.14　课后练习

（1）制作课件效果，如图 5-163 所示。参数可参考网盘中的"课后练习\5.14 课后练习\ 练习 1\ 课件 .fla"文件。

图 5-163　练习 1 效果

(2) 制作手机音乐播放器效果，如图 5-164 所示。参数可参考网盘中的"课后练习 \ 5.14 课后练习 \ 练习 2 \ 音乐播放器 .fla"文件。

图 5-164　练习 2 效果

第6章　组　　件

在 Animate CC 2017 中，系统预先设置了组件功能来协助用户制作动画。通过对本章的学习，读者可通过相关实例掌握组件的具体应用。

6.1　由滚动条控制的文本上下滚动效果

 要点

本例将制作由滚动条组件控制文本上下滚动的效果，如图 6-1 所示。通过本例的学习，读者应掌握滚动条组件的应用。

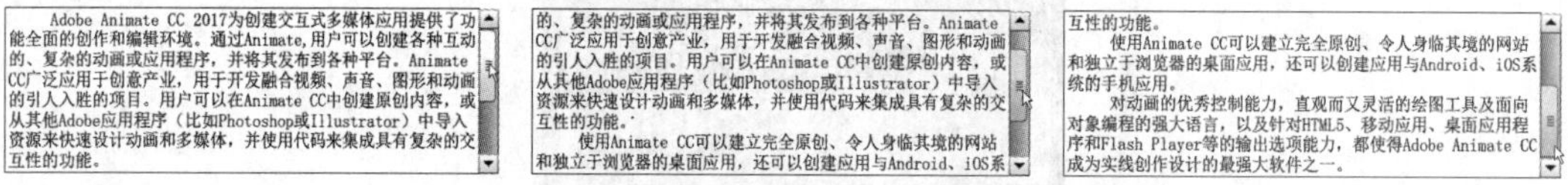

图6-1　由滚动条控制的文本上下滚动效果

 操作步骤

1）启动Animate CC 2017软件，新建一个ActionScript 3.0文件。

2）打开网盘中的"素材及结果\6.1由滚动条控制的文本上下滚动效果\文字.txt"文件，如图6-2所示，执行菜单中的"编辑|复制"命令。然后回到Flash中，使用工具箱上的 T （文本工具）在舞台中创建一个文本框，执行菜单中的"编辑|粘贴到当前中心位置"命令，效果如图6-3所示。

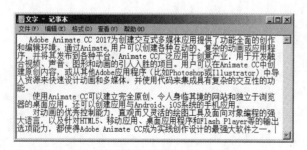

图6-2　文字.txt

图6-3　粘贴后的效果

3）调整文本框。在"属性"面板中将文本属性设置为"动态文本"，名称为"tt"，如图6-4所示。然后右键单击舞台中的文本框，从弹出的快捷菜单中选择"可滚动"命令，如图6-5所示。接着使用工具箱上的 ▷（选择工具）调整文本框的大小，效果如图6-6所示。

图6-4　设置文本属性　　　图6-5　选择"可滚动"命令　　　图6-6　调整后的文本框大小

提示：在打开的一些 Flash 动画中有时会发现播放的动画中的字体与动画原文件中应用的字体不一致，这是因为在本机上制作动画，会应用本机上的字体。如果换台计算机播放时，计算机上没有该字体，从而出现字体替换的情况。为了避免出现该情况，此时可在"属性"面板中单击"样式"右侧的 嵌入… 按钮，从弹出的"字体嵌入"对话框中设置需要嵌入的字体，如图 6-7 所示。

图6-7　设置需要嵌入的字体

4）执行菜单中的"窗口|组件"命令，调出"组件"面板。然后从中选择"UIScrollBar"组件，如图6-8所示。接着将其拖动到舞台中动态文本框的右侧，此时，滚动条会自动吸附到动态文本框上，如图6-9所示。

组件
User Interface
Button
CheckBox
ColorPicker
ComboBox
TextInput
List
DataGrid
Label
NumericStepper
ProgressBar
RadioButton
ScrollPane
Slider
TextArea
UIScrollBar
TileList
UILoader

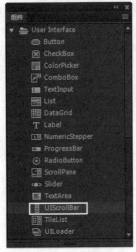

图6-8　选择“UIScrollBar”组件

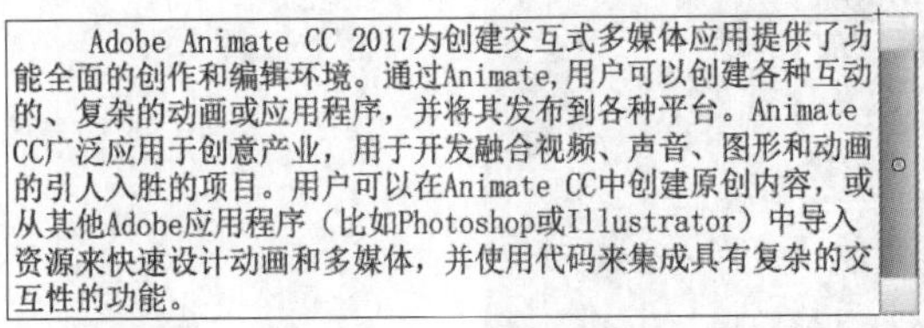

Adobe Animate CC 2017为创建交互式多媒体应用提供了功能全面的创作和编辑环境。通过Animate,用户可以创建各种互动的、复杂的动画或应用程序，并将其发布到各种平台。Animate CC广泛应用于创意产业，用于开发融合视频、声音、图形和动画的引人入胜的项目。用户可以在Animate CC中创建原创内容，或从其他Adobe应用程序（比如Photoshop或Illustrator）中导入资源来快速设计动画和多媒体，并使用代码来集成具有复杂的交互性的功能。

图6-9　滚动条自动吸附到动态文本框上

5）至此，由滚动条组件控制文本上下滚动的效果制作完毕。下面执行菜单中的“控制|测试”（组合键〈Ctrl+Enter〉）命令，打开播放器窗口，即可测试效果。

6.2　内置视频播放器

要点

本例将制作 Animate CC 2017 内置视频播放器播放外部视频文件的效果，如图 6-10 所示。学习本例，读者应掌握 FLVPlayback 组件的应用。

内置视频播放器.swf

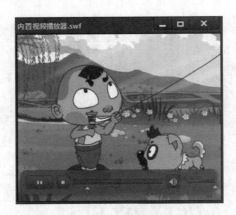

图6-10　内置视频播放器

操作步骤

1）启动Animate CC 2017软件，新建一个ActionScript 3.0文件。

2）设置文档大小。执行菜单中的“修改|文档”（组合键〈Ctrl+J〉）命令，在弹出的“文档设置”对话框中设置“舞台大小”为 320 像素 ×256 像素，然后单击“确定”按钮。

3）执行菜单中的"窗口 | 组件"命令，调出"组件"面板，然后将"FLVPlayback"组件拖入舞台，如图 6-11 所示。

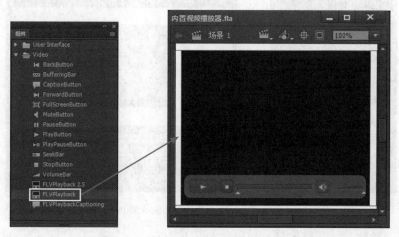

图6-11　将"FLVPlayback"组件拖入舞台

4）选择舞台中的"FLVPlayback"组件，然后在"属性"面板中单击"组件参数"下"source"右侧的 ☑ 按钮，接着从弹出的"内容路径"对话框中单击 ■ 按钮，从弹出的"浏览源文件"对话框中选择网盘中的"素材及结果 \6.2　内置视频播放器 \ 风筝 .f4v"文件，如图 6-12 所示，单击"打开"按钮。最后回到"内容路径"对话框中勾选"匹配源尺寸"复选框，如图 6-13 所示，单击"确定"按钮。

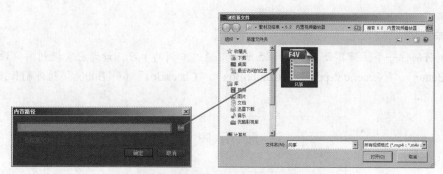

图6-12　选择"风筝.f4v"文件

图6-13　勾选"匹配源尺寸"复选框

5）选择舞台中的"FLVPlayback"组件，然后在"属性"面板中单击"组件参数"下"skin"右侧的 ☑ 按钮，接着从弹出的"选择外观"对话框中单击"外观"右侧的下拉列表框，最后从下拉列表框中选择"SkinOverPlayStopSeekMuteVol.swf"选项，如图 6-14 所示，单击"确定"按钮。

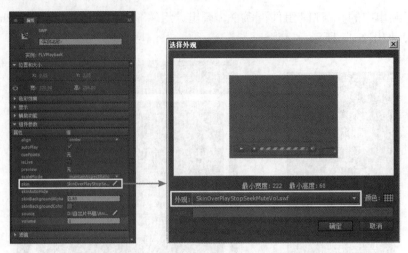

图6-14　选择"SkinOverPlayStopSeekMuteVol.swf"选项

6）在"属性"面板将舞台中的"FLVPlayback"组件的X、Y的坐标值均设置为0，从而使舞台中的"FLVPlayback"组件刚好覆盖住舞台区域。

7）至此，利用内置播放器播放外部视频文件的效果制作完毕。下面执行菜单中的"控制 | 测试"（组合键〈Ctrl+Enter〉）命令，打开播放器窗口，即可测试效果。

6.3　注册界面

要点

本例将制作一个注册界面，如图6-15所示。通过本例的学习，读者应掌握利用"TextInput""RadioButton""NumericStepper""ComboBox""CheckBox"和"Button"组件制作注册界面的方法。

图 6-15　注册界面

操作步骤

1）启动 Animate CC 2017 软件，新建一个 ActionScript 3.0 文件。

2）执行菜单中的"修改 | 文档"（快捷键〈Ctrl+J〉）命令，在弹出的"文档设置"对话框中如图 6-16 所示设置，单击"确定"按钮。

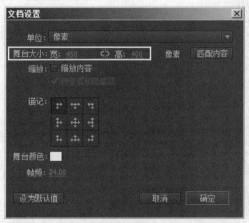

图 6-16　设置文档大小

3）利用工具箱上的 ⊤ （文本工具）在舞台中输入静态文字，并在"属性"面板中设置相关参数，如图 6-17 所示。接着在"属性"面板中单击"嵌入"按钮，将"中文字（全部）"字体进行嵌入。

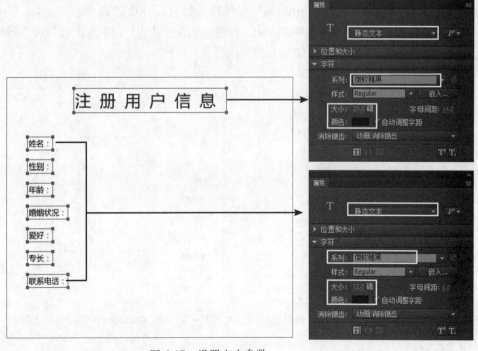

图 6-17　设置文本参数

4) 执行菜单中的"窗口|组件"命令，调出"组件"面板，如图 6-18 所示。然后将"组件"面板中的"TextInput"组件拖入舞台，并放置到文字"姓名："右侧，如图 6-19 所示。

图 6-18 调出"组件"面板　　　　　　　　图 6-19 将"TextInput"组件拖入舞台，并放置
　　　　　　　　　　　　　　　　　　　　　　　　　到"姓名："右侧

5) 在文字"专长："和"联系电话"右侧复制一个相同的"TextInput"组件，并适当拉伸，结果如图 6-20 所示。

6) 将"组件"面板中的"RadioButton"组件拖入舞台，并放置到文字"性别："右侧，如图 6-21 所示。然后在"属性"面板中"label"右侧输入文字"男"，并确认未勾选"selected"右侧复选框，如图 6-22 所示，结果如图 6-23 所示。

图 6-20 复制"TextInput"组件并适当拉伸　　　　图 6-21 将"RadioButton"组件放入舞台，
　　　　　　　　　　　　　　　　　　　　　　　　　　　并放置到"性别："右侧

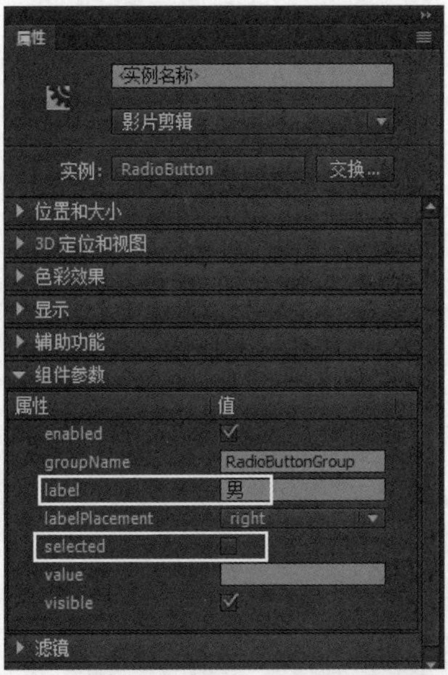

图 6-22　在"label"右侧输入文字"男"

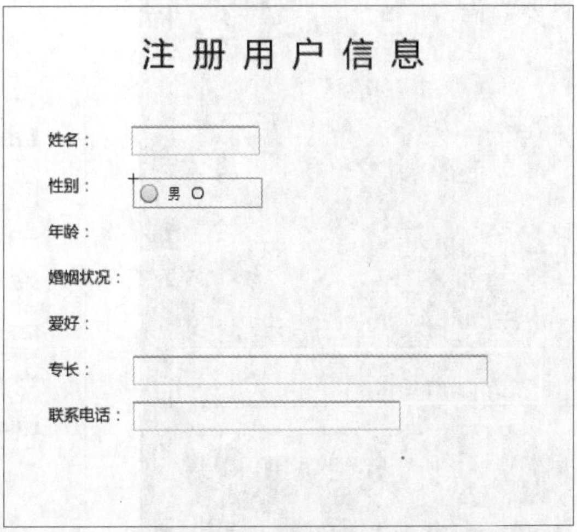

图 6-23　在"label"右侧输入文字"男"的效果

7）在舞台中水平向右复制一个"RadioButton"组件，然后在"属性"面板中"label"右侧输入文字"女"，如图 6-24 所示，结果如图 6-25 所示。

图 6-24　在"label"右侧输入文字"女"

图 6-25　在"label"右侧输入文字"女"的效果

8）将"组件"面板中的"NumericStepper"组件拖入舞台，并放置到文字"年龄："右侧，然后在"属性"面板中将"minimum"的数值设置为"18"，将"maximum"的数值设置为"60"，如图 6-26 所示，结果如图 6-27 所示。

图 6-26　设置"NumericStepper"组件参数 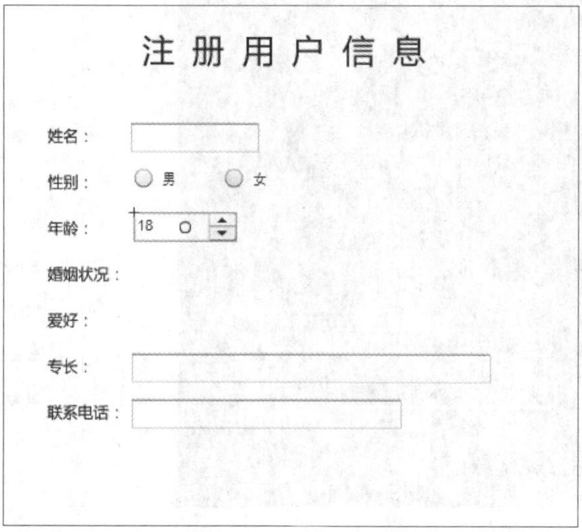　　图 6-27　设置"NumericStepper"组件参数后的效果

9）将"组件"面板中的"ComboBox"组件拖入舞台，并放置到文字"婚姻状况："右侧。然后在"属性"面板中将"rowCount"数值设置为"2"，再单击"dataProvider"右侧的 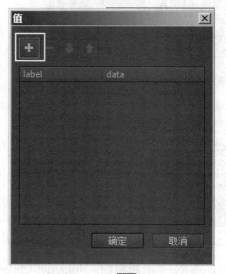按钮，如图 6-28 所示。接着在弹出的"值"对话框中单击 ➕ 按钮，如图 6-29 所示，此时会在"label"下添加一个"label0"选项，如图 6-30 所示。最后双击"label0"，将其名称改为"未婚"，如图 6-31 所示。

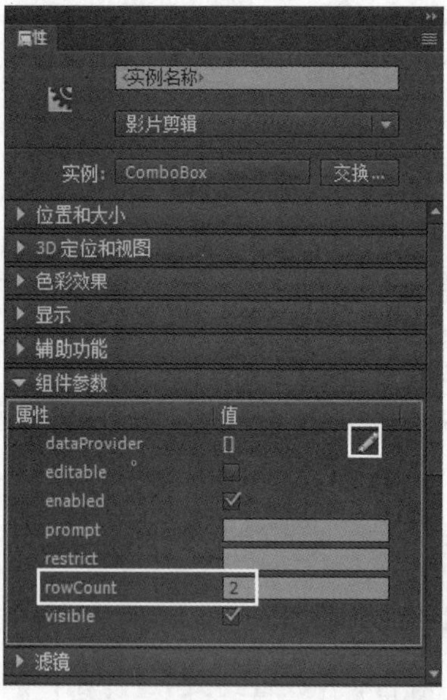

图 6-28　单击"dataProvider"右侧的 按钮　　　　图 6-29　单击 ➕ 按钮

10）同理，在"值"对话框中单击 ➕ 按钮，添加"已婚"选项，如图 6-32 所示，单击"确定"按钮，此时舞台显示效果如图 6-33 所示。

图 6-30　添加"label0"选项

图 6-31　将"label0"改为"未婚"

图 6-32　添加"已婚"选项

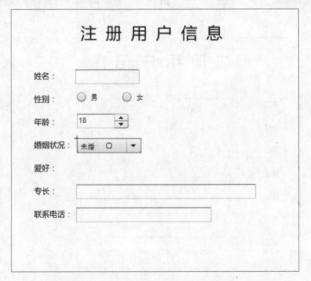
图 6-33　添加"ComboBox"组件后的效果

11）将"组件"面板中的"CheckBox"组件拖入舞台，并放置到文字"爱好："右侧。然后在"属性"面板中"label"右侧输入文字"旅游"，并确认未勾选"selected"右侧复选框，如图 6-34 所示，结果如图 6-35 所示。

12）在舞台中水平向右复制 4 个"CheckBox"组件，然后在"属性"面板中分别将"label"右侧文字改为"运动""读书""唱歌"和"棋牌"，结果如图 6-36 所示。

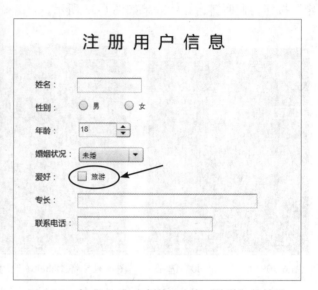

图 6-34　在"label"右侧输入文字"旅游"　　　图 6-35　在"label"右侧输入文字"旅游"的效果

图 6-36　添加"爱好"多个复选框的效果

13）在"组件"面板中将"Button"组件拖入舞台左下方，然后在"属性"面板中将"label"的参数值设置为"提交"，如图 6-37 所示，结果如图 6-38 所示。

14）同理，在"提交"按钮右侧放置一个"Button"组件，然后在"属性"面板中将"label"的参数值设置为"重填"，结果如图 6-39 所示。

 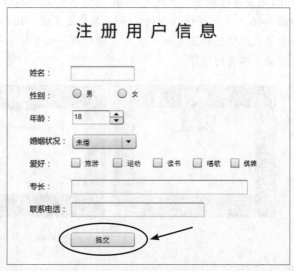

图 6-37　将 "label" 的参数值设置为 "提交"　　图 6-38　将 "label" 的参数值设置为 "提交" 的效果

图 6-39　添加 "重填" 按钮

15）至此，整个注册界面制作完毕。下面执行菜单中的 "控制 | 测试"（快捷键
〈Ctrl+Enter〉）命令，即可测试效果。

6.4　登录界面

要点

本例将制作具有交互功能的登录界面（在登录初始界面中输入正确的用户名 "zhangfan" 和
密码 "zhangfan" 后单击 "提交" 按钮，则会跳转到登录成功的界面；在登录初始界面中单击文字 "忘

记密码？”，则会跳转到让用户找回密码的相应网址；在登录初始界面中单击“重填”按钮后，则会删除已经填写的用户名和密码；在登录初始界面中输入错误的用户名和密码后单击“提交”按钮，则会跳转到登录失败的界面；在登录失败的界面中单击“返回”按钮，则会返回到登录界面），如图6-40所示。通过本例的学习，读者应掌握“TextInput”和“Button”组件、“代码片段”面板中“在此帧处停止”和“单击以转到前一帧并停止”命令以及ActionScripts 3.0中的相关脚本制作登录界面的方法。

图6-40　登录界面

操作步骤

1. 创建登录初始界面

1）启动Animate CC 2017软件，新建一个ActionScript 3.0文件。

2）导入背景图片。方法：执行菜单中的“文件|导入|导入到舞台”命令，导入网盘中的“素材及结果\6.4登录界面\背景.jpg”图片。

3）设置舞台大小与“背景.jpg”图片等大。方法：执行菜单中的“修改|文档”（快捷键〈Ctrl+J〉）命令，在弹出的“文档设置”对话框中单击 匹配内容 按钮，如图6-41所示，单击“确定”按钮。

4）将“图层1”图层命名为“背景”图层，然后锁定“背景”图层，如图6-42所示。

图6-41　单击“匹配内容”按钮

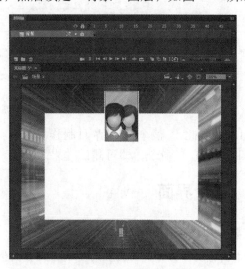

图6-42　锁定“背景”图层

5）在"背景"图层上方新建一个"登录内容"图层，然后在该图层中输入黑色的静态文字"用户名："和"密码："，如图 6-43 所示。接着在"属性"面板中单击"嵌入"按钮，将"中文字（全部）"字体进行嵌入。

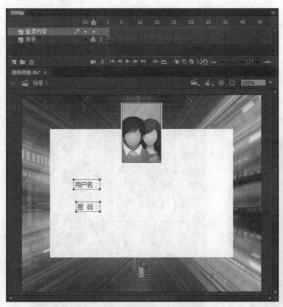

图 6-43　输入文字

6）执行菜单中的"窗口 | 组件"命令，调出"组件"面板。然后将"组件"面板中的"TextInput"组件拖入舞台，并放置到文字"用户名："右侧，并适当向右拉伸（拉伸宽度可设置为 220 像素），如图 6-44 所示。接着在"属性"面板中将其"实例名称"命名为"input_name"，如图 6-45 所示。

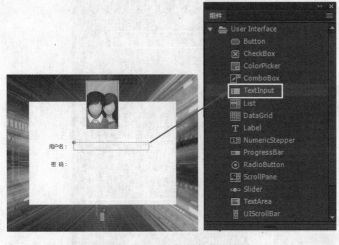

图 6-44　将 TextInput"组件拖入舞台，　　　　　图 6-45　将"TextInput"组件
放置到"用户名："右侧，并适当向右拉伸　　　　　"实例名称"命名为"input_name"

7）在文字"密码："右侧复制一个相同的"TextInput"组件，然后在"属性"面板中将其实例名称命名为"input_password"，并在"组件参数"卷展栏中勾选"displayAsPassword"复选框，以便输入密码，如图 6-46 所示。

图 6-46　将"实例名称"命名为"input_password"，并在"组件参数"卷展栏中勾选"displayAsPassword"复选框

8）输入文字，并创建超链接。方法：在文字"密码"下方输入红色的静态文字"忘记密码？"。然后在"属性"面板的"选项"卷展栏中设置"链接："为"http://aq.qq.com"，"目标："为"_blank"，如图 6-47 所示。

图 6-47　输入红色静态文字"忘记密码？"，并设置"链接"地址为"http://aq.qq.com"

9）在"组件"面板中将"Button"组件拖到舞台中文字"忘记密码？"的右侧，然后在"属性"面板中将其"实例名称"设置为"button_submit"，在"组件参数"卷展栏中设置参数值为"提交"，如图 6-48 所示。

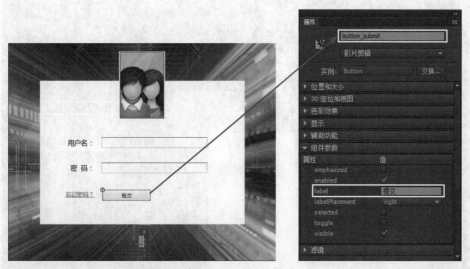

图 6-48　创建"Button"组件并设置"实例名称"为"button_submit"，参数值为"提交"

10）同理，在"提交"按钮右侧放置一个"Button"组件，然后在"属性"面板中将其"实例名称"设置为"button_reset"，在"组件参数"卷展栏中设置参数值为"重填"，如图 6-49 所示。

图 6-49　创建"Button"组件并设置"实例名称"为"button_reset"，参数值为"重填"

2. 创建登录失败的界面

1）在"背景"图层的第 3 帧按快捷键〈F5〉，插入普通帧，然后在"登录内容"图层的第 2 帧和第 3 帧按快捷键〈F7〉，插入空白关键帧。然后利用工具箱上的 ∕（线条工具），在"登录内容"图层的第 2 帧中绘制一个红色叉图形，如图 6-50 所示。接着在红色叉图形右侧输入静态文字"登录失败　请重新输入用户名密码"，如图 6-51 所示。

图 6-50　在"登录内容"图层的第 2 帧中绘制一个红色叉图形

图 6-51　在红色叉图形右侧输入静态文字

2）在"组件"面板中将"Button"组件拖到舞台中输入的文字下方，然后在"属性"面板中将其"实例名称"设置为"button_return"，在"组件参数"卷展栏中设置参数值为"返回"，如图 6-52 所示。

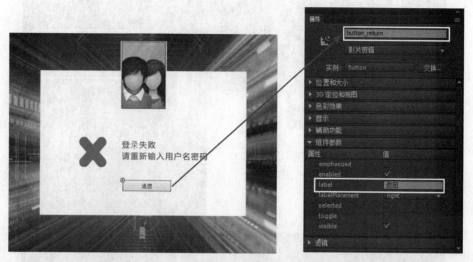

图 6-52　创建"Button"组件并设置"实例名称"为"button_return"，参数值为"返回"

3. 创建登录成功的界面

1）利用工具箱上的 ⬛（线条工具），在"登录内容"图层的第 3 帧中绘制一个绿色对勾图形，如图 6-53 所示。

图 6-53　在"登录内容"图层的第 3 帧中绘制一个绿色对勾图形

2）在绿色对勾图形右侧输入静态文字"恭喜您 登录成功"，如图 6-54 所示。

图 6-54　在绿色对勾图形右侧输入静态文字

4. 利用脚本控制界面的切换

1）选择"登录内容"图层第 2 帧中的"返回"按钮，然后调出"代码片段"面板。接着在此面板的"ActionScript/ 时间轴导航 / 单击以转到前一帧并停止"命令处双击鼠标，如图 6-55 所示。此时会调出"动作"面板，并在其中自动输入动作脚本。同时会自动创建一个名称为"Actions"的图层。最后为了便于查看脚本，在"动作"面板中删除注释文字。

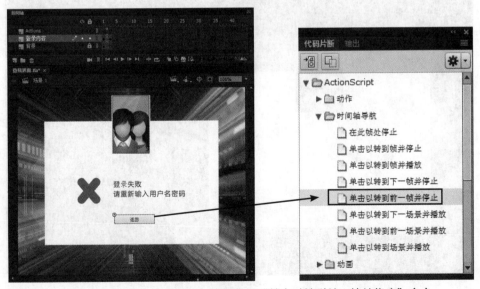

图 6-55　为"返回"按钮添加"单击以转到前一帧并停止"命令

2）为了使单击第 2 帧"返回"按钮，画面返回到第 1 帧用户登录初始界面后处于停止状态且不会自动跳转到第 2 帧，下面在"代码片段"面板中"ActionScript/ 时间轴导航 / 在此帧处停止"命令处双击鼠标，然后在"动作"面板中删除注释文字。此时第 2 帧最终脚本显示如下：

```
button_return.addEventListener(MouseEvent.CLICK, fl_ClickToGoToPreviousFrame_3);
function fl_ClickToGoToPreviousFrame_3(event:MouseEvent):void
{
    prevFrame();
}


stop()
```

3）在登录初始界面中赋予脚本。方法：右键单击"Actions"图层的第 1 帧，然后在"动作"面板中输入以下脚本：

```
stop(); // 停止影片播放
// 单击实例名称为 Enter 的按钮，调用函数 Login
button_submit.addEventListener(MouseEvent.CLICK, Login);
// 单击实例名称为 Reset 的按钮，调用函数 Reset
button_reset.addEventListener(MouseEvent.CLICK, reset);
// 如果用户名和密码输入正确就跳转到第 2 帧，否则跳转到第 3 帧
function Login(event:MouseEvent):void
{
    if (input_name.text=="zhangfan" && input_password.text=="zhangfan")
    {
        gotoAndPlay(3);
    }
    else
    {
        gotoAndPlay(2);
    }

}
// 清空用户名和密码文本框中的内容
function reset(event:MouseEvent):void
{
    input_name.text="" ;
    input_password.text="";
}
```

4）为了在初始界面中输入正确的用户名"zhangfan"和密码"zhangfan"，然后单击"提交"按钮后画面跳转到第 3 帧登录成功界面并停止，下面右键单击"Actions"图层的第 3 帧，在"代码片段"面板中"ActionScript/ 时间轴导航 / 在此帧处停止"命令处双击鼠标，然后在"动作"

面板中删除注释文字。此时第 3 帧最终脚本显示如下：

```
stop();
```

5) 至此，整个登录界面制作完毕。下面执行菜单中的 "控制 | 测试" （快捷键 〈Ctrl+Enter〉）命令，即可测试效果。

6.5 课后练习

(1) 制作由滚动条控制的文本上下滚动效果，如图 6-56 所示。参数可参考网盘中的"课后练习 \6.5 课后练习 \ 练习 1\ 由滚动条控制的文本上下滚动效果 .fla"文件。

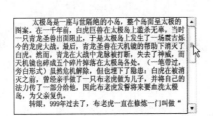

图 6-56　练习 1 效果

(2) 制作一个美食知识的问答效果，如图 6-57 所示。参数可参考网盘中的"课后练习 \6.5 课后练习 \ 练习 2\ 美食知识问答 .fla"文件。

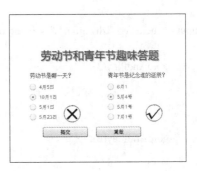

图 6-57　练习 2 效果

第 3 部分　综合实例演练

■ 第 7 章　综合实例

第 7 章　综合实例

通过前面几章的学习，我们已经掌握了 Animate CC 2017 的基本操作。本章将综合利用前面几章的知识，制作全 Flash 网站和动画片。

7.1　天津美术学院网页制作

要点

本例将制作一个 Flash 网站，如图 7-1 所示。通过本例的学习，读者应掌握网页的架构和常用脚本的使用方法。

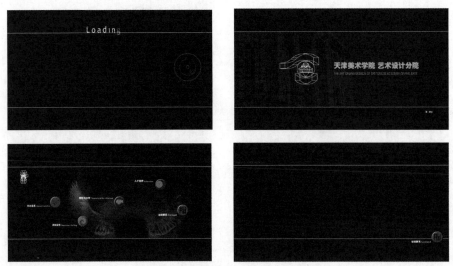

图 7-1　天津美术学院网页制作

操作步骤

整个网站共有 8 个场景。其中，"场景 1"和"场景 2"为 Loading 动画；"场景 3"为主页面；"场景 4"～"场景 8"为单击"场景 3"中的按钮后进入的子页面。

1. 制作"场景 1"

1）按快捷键〈Ctrl+F8〉，新建影片剪辑元件，命名为"泉动画"，然后单击"确定"按钮，进入其编辑模式。

2）选择工具箱上的 ■（椭圆工具）绘制一个圆形，然后按快捷键〈F8〉将其转换为图形元件"泉"。接着在"泉动画"元件中制作放大并逐渐消失的动画。此时，时间轴分布如图 7-2 所示。

图 7-2 时间轴分布 1

3）按快捷键〈Ctrl+E〉，回到"场景 1"，新建 8 个图层，然后将"泉动画"元件复制到不同图层的不同帧上，从而形成错落有致的泉水放大并消失的效果，时间轴分布及效果如图 7-3 所示。

图 7-3 时间轴分布及效果 1

4）选择工具箱上的 █ （线条工具），在"图层 1"上绘制一条白色直线，然后按快捷键〈F8〉将其转换为图形元件"线"。接着在工作区中复制一个元件"线"，并分别将两条白线放置到工作区的上方和下方。最后在"图层 1"的第 66 帧按快捷键〈F5〉，从而将该层的总长度延长到第 66 帧，时间轴分布及效果如图 7-4 所示。

5）新建 7 个图层 L、o、a、d、i、n、g，实现字母 L、o、a、d、i、n、g 逐个显现，然后逐个消失的效果，如图 7-5 所示。

6）为了使文字 Loading 更加生动，下面分别选中字母 g 的上下两部分，然后按快捷键〈F8〉，将它们分别转换为"g 上"和"g 下"图形元件。接着新建"g 下"图层，将"g 下"元件放置到该层，并制作字母 g 下半部分的摇摆动画，最终时间轴分布及效果如图 7-6 所示。

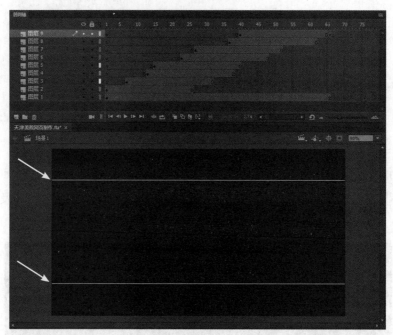

图 7-4　时间轴分布及效果 2

图 7-5　制作字母逐个出现并消失的效果

图 7-6　时间轴分布及效果 3

2. 制作"场景 2"

1）执行菜单中的"窗口 | 场景"命令,调出"场景"面板。然后单击■（添加场景）按钮,新建"场景 2", 如图 7-7 所示。接着按快捷键〈Ctrl+R〉,导入网盘中的"素材及结果 \ 7.1 天津美院网页制作 \ xiaoyuan.jpg"图片,作为"场景 2"的背景,再将其中心对齐。最后将"图层 1"图层命名为"背景"图层。再在"背景"图层的第 105 帧,按快捷键〈F5〉,插入普通帧,从而将"背景"图层的总长度延长到第 105 帧,如图 7-8 所示。

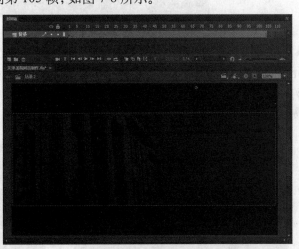

图 7-7　新建"场景 2"　　　　　　　　图 7-8　导入背景图片

2）新建 4 个图层,分别命名为 H、e、r、e,在其中制作文字从场景外飞入场景的效果,如图 7-9 所示。

图 7-9　制作文字从场景外飞入场景的效果

3）如图 7-10 所示绘制图形,然后利用遮罩层制作逐笔绘制图形的效果。此时,时间轴分布如图 7-11 所示。

图 7-10　绘制图形

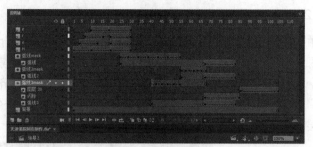

图 7-11　时间轴分布 2

4）按快捷键〈Ctrl+F8〉，新建影片剪辑元件，命名为"zhuan"，然后单击"确定"按钮，进入元件的编辑模式。

5）按快捷键〈Ctrl+R〉，导入由 Cool 3D 软件制作的旋转动画图片，结果如图 7-12 所示。然后按快捷键〈Ctrl+E〉，回到"场景 2"，将元件"zhuan"从"库"面板拖入舞台中。

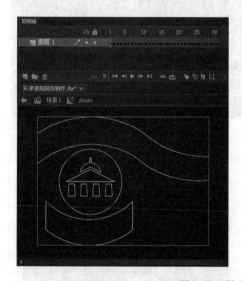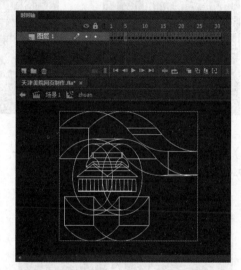

图 7-12　导入序列图片

6）在"场景 2"中制作其由小变大、由消失到显现，然后再由大变小开始旋转的效果，时间轴分布如图 7-13 所示。

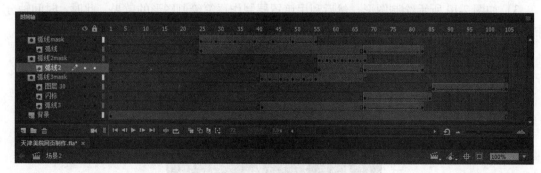

图 7-13　时间轴分布 3

7) 在"场景 2"中添加"直线"和"文字"图层，然后分别制作背景图片上下边缘的白色直线效果和文字淡入动画，结果如图 7-14 所示。

图 7-14　分别制作背景图片上下边缘的白色直线效果和文字淡入动画

8) 制作控制跳转的按钮。按快捷键〈Ctrl+F8〉，新建按钮元件，命名为"skip"，单击"确定"按钮，进入元件的编辑模式，接着制作不同状态下的按钮，结果如图 7-15 所示。

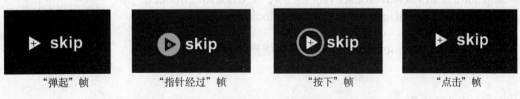

图 7-15　制作在不同状态下的按钮

9) 回到"场景 2"，新建"skip 按钮"图层，然后将"skip"元件拖入"场景 2"中，并在"属性"面板中将其"实例名称"命名为"skip"，如图 7-16 所示。

图 7-16　将 skip" 按钮元件拖入"场景 2"中并将其"实例名称"命名为"skip"

10）制作单击舞台中的"skip"按钮后直接跳转到下一场景（场景 3）的效果。方法：选择舞台中的"skip"按钮实例，执行菜单中的"窗口|代码片段"命令，调出"代码片段"面板。然后在此面板的"ActionScript/ 时间轴导航 / 单击以转到场景并播放"命令处双击鼠标，如图 7-17所示。此时会调出"动作"面板，并在其中自动输入动作脚本，如图 7-18 所示。同时会自动创建一个名称为"Actions"的图层，如图 7-19 所示。最后在"动作"面板中删除注释文字，再将脚本中的"场景 3"改为"场景 1"，此时最终脚本如下：

```
skip.addEventListener(MouseEvent.CLICK, fl_ClickToGoToScene_16);
function fl_ClickToGoToScene_16(event:MouseEvent):void
{
    MovieClip(this.root).gotoAndPlay(1, " 场景 3");
}
```

3. 制作"场景 3"

1）新建"场景 3"，然后将元件"线"拖入"场景 3"。再将"图层 1"图层命名为"下直线运动"图层，接着制作"线"元件从舞台下方运动到中央，再回到舞台下方的动画，如图 7-20 所示。

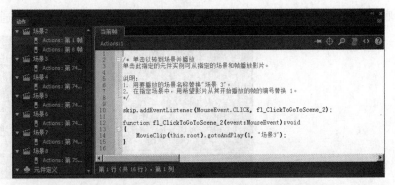

图 7-17　在"单击以转到场景　　　图 7-18　调出"动作"面板，并在其中自动输入动作脚本
　　并播放"命令处双击鼠标

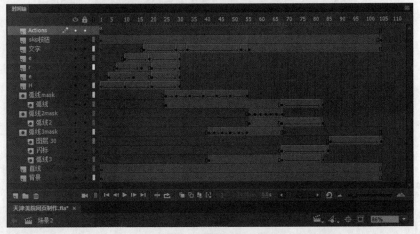

图 7-19　自动创建一个名称为"Actions"的图层

图 7-20　在"图层 1"中制作直线运动动画

　　2）在"下直线运动"图层上方新建"上直线运动"图层，再次将元件"线"拖入"场景 3"，并调整位置如图 7-21 所示。然后制作"线"元件从舞台上方运动到中央，再回到舞台上方保持静止状态的动画。

　　3）新建"背景"图层，然后将其移动到最下方。接着选择第 10 帧，按快捷键〈Ctrl+R〉，导入网盘中的"素材及结果 \ 7.1 天津美院网页制作 \ eye.jpg"图片作为背景图片，并将其置于底层。接着同时选择 3 个图层，在第 74 帧按快捷键〈F5〉，插入普通帧，结果如图 7-22 所示。

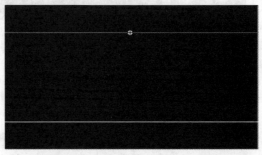

图 7-21　在"场景 3"放置"线"元件

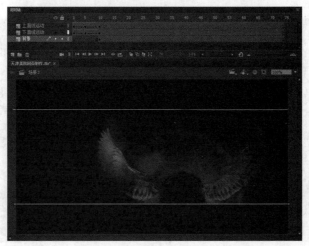

图 7-22　添加背景图片

4）在"上直线运动"图层上方新建"图标"图层，然后在第 10 帧按快捷键〈F7〉，插入空白关键帧，再将"zhuan"元件拖入"场景 3"的左上角，如图 7-23 所示。

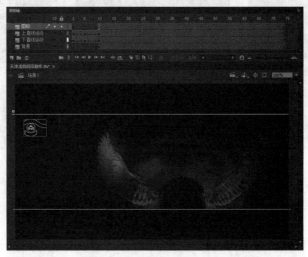

图 7-23　将元件"zhuan"放置到"场景 3"的左上角

5）按快捷键〈Ctrl+F8〉，新建一个按钮元件，名称为"按钮1"，然后制作一个按钮，如图 7-24 所示。

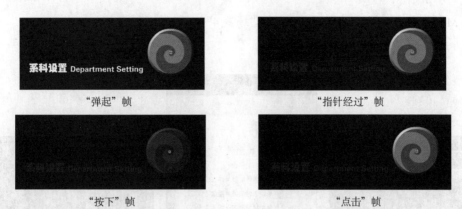

"弹起"帧   "指针经过"帧

"按下"帧   "点击"帧

图 7-24 制作"按钮1"按钮元件

6）回到"场景3"，在"图标"图层上方新建"历史沿革"图层，然后在第10帧按快捷键〈F7〉，插入空白关键帧，再将"按钮1"元件拖入舞台中，并调整位置如图 7-25 所示。

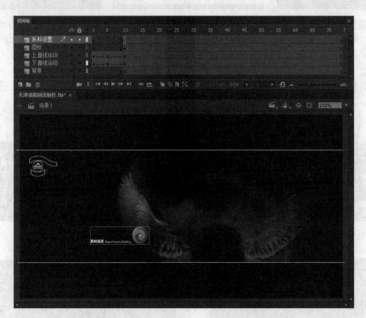

图 7-25 将"按钮1"元件放置到舞台中

7）制作单击"场景3"中的"按钮1"按钮后会跳转到"场景4"的效果。方法：选中舞台中的"按钮1"按钮元件实例，然后在"属性"面板中将其"实例名称"命名为"lksz"，如图 7-26 所示。然后在"代码片段"面板的"ActionScript/时间轴导航/单击以转到场景并播放"命令处双击鼠标，如图 7-27 所示。此时会调出"动作"面板，并在其中自动输入动作脚本。同时会自动创建一个名称为"Actions"的图层，如图 7-28 所示。最后在"动作"面板中删除注释文字，再将脚本中的"场景3"改为"场景4"，此时最终脚本如下：

```
lksz.addEventListener(MouseEvent.CLICK, fl_ClickToGoToScene_15);
function fl_ClickToGoToScene_15(event:MouseEvent):void
{
    MovieClip(this.root).gotoAndPlay(1, "场景 4");
}
```

图 7-26　在"属性"面板中将　　　图 7-27　在"单击以转到　　图 7-28　自动创建一个名
　"按钮 1"元件实例的"实例　　　场景并播放"命令处双击鼠标　　　称为"Actions"的图层
　　名称"命名为"lksz"

8）利用与制作"按钮 1"按钮元件同样的方法,创建"按钮 2"～"按钮 5"按钮元件,如图 7-29
所示。

"按钮 2"按钮元件　　　　　　　　　　　　"按钮 3"按钮元件

"按钮 4"按钮元件　　　　　　　　　"按钮 5"按钮元件

图 7-29　创建"按钮 2"～"按钮 5"按钮元件

9）在"场景 3"中新建"历史沿革""师资与办学""与我联系"和"人才培养"4 个图层,
然后从"库"面板中分别将"按钮 2"～"按钮 5"拖入"场景 3"的相应图层中并放置到相应位置,
如图 7-30 所示。

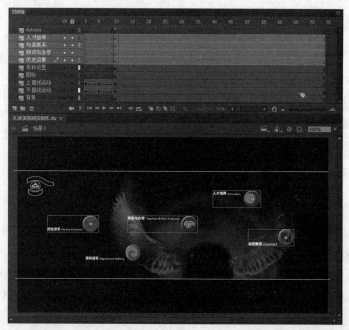

图 7-30 分别将"按钮 2"～"按钮 5"拖入"场景 3"的相应图层中并调整位置

10) 选择舞台中的"按钮 2"按钮实例,在"属性"面板中将其"实例名称"命名为"xsbg";然后选择舞台中的"按钮 3"按钮实例,在"属性"面板中将其"实例名称"命名为"szybx";接着选择舞台中的"按钮 4"按钮实例,在"属性"面板中将其"实例名称"命名为"ywlx";最后选择舞台中的"按钮 5"按钮实例,在"属性"面板中将其"实例名称"命名为"crpy"。

11) 制作单击"场景 3"中的"按钮 2"按钮后会跳转到"场景 5"的效果。选中舞台中的"按钮 2"按钮元件实例,然后在"代码片段"面板的"ActionScript/ 时间轴导航 / 单击以转到场景并播放"命令处双击鼠标,在"动作"面板中删除注释文字,再将脚本中的"场景 3"改为"场景 5",此时最终脚本如下:

```
lsyg.addEventListener(MouseEvent.CLICK, fl_ClickToGoToScene_16);
function fl_ClickToGoToScene_16(event:MouseEvent):void
{
    MovieClip(this.root).gotoAndPlay(1, " 场景 5");
}
```

12) 制作单击"场景 3"中的"按钮 3"按钮后会跳转到"场景 5"的效果。选中舞台中的"按钮 3"按钮元件实例,然后在"代码片段"面板的"ActionScript/ 时间轴导航 / 单击以转到场景并播放"命令处双击鼠标,在"动作"面板中删除注释文字,再将脚本中的"场景 3"改为"场景 6",此时最终脚本如下:

```
lsyg.addEventListener(MouseEvent.CLICK, fl_ClickToGoToScene_16);
function fl_ClickToGoToScene_16(event:MouseEvent):void
{
```

```
MovieClip(this.root).gotoAndPlay(1, " 场景 6");
}
```

13) 制作单击"场景 3"中的"按钮 4"按钮后会跳转到"场景 7"的效果。选中舞台中的"按钮 4"按钮元件实例，然后在"代码片段"面板的"ActionScript/ 时间轴导航 / 单击以转到场景并播放"命令处双击鼠标，在"动作"面板中删除注释文字，再将脚本中的"场景 3"改为"场景 7"，此时最终脚本如下：

```
lsyg.addEventListener(MouseEvent.CLICK, fl_ClickToGoToScene_16);
function fl_ClickToGoToScene_16(event:MouseEvent):void
{
    MovieClip(this.root).gotoAndPlay(1, " 场景 7");
}
```

14) 制作单击"场景 3"中的"按钮 5"按钮后会跳转到"场景 8"的效果。选中舞台中的"按钮 5"按钮元件实例，然后在"代码片段"面板的"ActionScript/ 时间轴导航 / 单击以转到场景并播放"命令处双击鼠标，在"动作"面板中删除注释文字，再将脚本中的"场景 3"改为"场景 8"，此时最终脚本如下：

```
lsyg.addEventListener(MouseEvent.CLICK, fl_ClickToGoToScene_16);
function fl_ClickToGoToScene_16(event:MouseEvent):void
{
    MovieClip(this.root).gotoAndPlay(1, " 场景 8");
}
```

15) 为了使"场景 3"播放完毕后停止而不自动跳转到"场景 4"，下面在"代码片段"面板的"ActionScript/ 时间轴导航 / 在此帧处停止"命令处双击鼠标，如图 7-31 所示。然后在"动作"面板中删除注释文字，此时最终脚本如下：

```
stop();
```

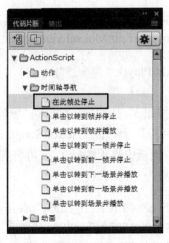

图 7-31　在"在此帧处停止"命令处双击鼠标

4. 制作"场景 4"

1) 在"场景"面板中单击（添加场景）按钮，新建"场景 4"。

2) 将"场景 3"中的上下直线运动效果复制到"场景 4"中。方法：在"场景 3"选择"上直线运动"和"下直线运动"两个图层，然后单击鼠标右键，从弹出的快捷菜单中选择"拷贝图层"命令，接着在"场景 4"中选择"图层 1"，单击鼠标右键，从弹出的快捷菜单中选择"粘贴图层"命令，即可将"场景 3"中的上下直线运动效果复制到"场景 4"中，此时"场景 4"的时间轴分布如图 7-32 所示。

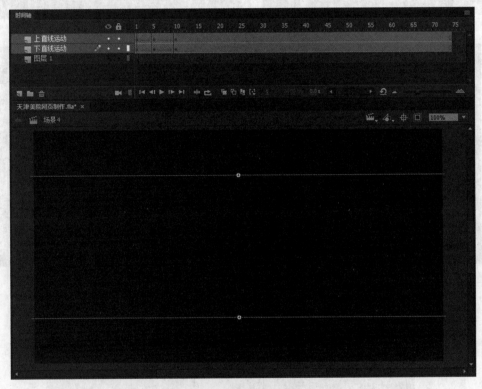

图 7-32 "场景 4"时间轴分布

3) 制作"场景 4"中左上方的文字淡入淡出效果。方法：按快捷键〈Ctrl+F8〉），在弹出的"创建新元件"对话框中如图 7-33 所示设置，单击"确定"按钮。然后在舞台中输入文字，如图 7-34 所示，再按快捷键〈F8〉，将文字转换为"文字"图形元件。接着分别在"图层 1"图层的第 3 帧和第 5 帧按快捷键〈F6〉，插入关键帧，再在"属性"面板中将舞台中第 1 帧和第 5 帧的"文字"图形实例的 Alpha 值设置为 0%，如图 7-35 所示。最后按〈Enter〉键，即可看到文字的淡入淡出效果。

4) 在"场景"面板中单击"场景 4"，从而回到"场景 4"中，然后将"图层 1"图层命名为"文字闪烁动画"图层，接着在"文字闪烁动画"图层的第 10 帧按快捷键〈F7〉，插入空白关键帧，再将"库"面板中的"文字闪烁"影片剪辑元件拖入舞台并放置到左上方，如图 7-36 所示。

图 7-33　创建"文字闪烁"影片剪辑元件

图 7-34　输入文字

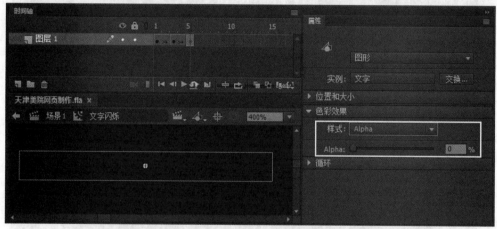

图 7-35　将第 1 帧和第 5 帧中"文字"图形实例的 Alpha 值设置为 0%

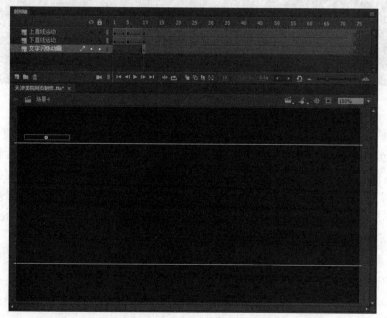

图 7-36　将"文字闪烁"影片剪辑元件拖入舞台并放置到左上方

5) 在"上直线运动"图层上方新建"系科设置"图层，然后在"系科设置"图层的第 10 帧按快捷键〈F7〉，插入空白关键帧，再从"库"面板中将"按钮 1"按钮元件拖入舞台，放置位置如图 7-37 所示。

图 7-37　将"按钮 1"按钮元件拖入舞台

6) 制作单击"场景 4"中的"按钮 1"按钮后会跳转到"场景 3"的效果。选中舞台中的"按钮 1"按钮实例，然后在"代码片段"面板的"ActionScript/ 时间轴导航 / 单击以转到场景并播放"命令处双击鼠标，再在"动作"面板中删除注释文字，此时最终脚本如下：

```
lsyg.addEventListener(MouseEvent.CLICK, fl_ClickToGoToScene_16);
function fl_ClickToGoToScene_16(event:MouseEvent):void
{
    MovieClip(this.root).gotoAndPlay(1, " 场景 3");
}
```

7) 为了使"场景 4"播放完毕后停止而不自动跳转到"场景 5"，下面在"代码片段"面板的"ActionScript/ 时间轴导航 / 在此帧处停止"命令处双击鼠标。然后在"动作"面板中删除注释文字，此时最终脚本如下：

```
stop();
```

5. 制作"场景 5"～"场景 8"

1) 同理，分别新建"场景 5"～"场景 8"，然后分别在"场景 5"～"场景 8"中复制直线运动动画，并插入相应按钮，接着赋予相应按钮与"场景 4"中"按钮 1"按钮实例一样的脚本。

2) 按快捷键〈Ctrl+Enter〉，打开播放器，即可测试效果。

7.2 制作动画片

 要点

本例将制作一部完整的幽默动画片，如图 7-38 所示。通过本例的学习，读者应掌握动画片的具体制作过程。

图 7-38　制作动画片

 操作步骤

制作一部完整的动画片分为剧本编写、角色定位与设计、素材准备、制作与发布等几个阶段，下面通过制作一部幽默动画片来进行具体讲解。

7.2.1　剧本编写

卡通幽默动画以娱乐为目的，轻松诙谐，且剧中大量运用了滑稽、夸张的手法。

本剧剧本大致如下。

1）角色信心十足地走上舞台。

2）角色面向影子做动作，此时影子跟随角色做同样的动作。

3）角色转身面向观众得意地笑，影子不动。

4）角色转身面向影子继续做动作，此时影子与角色动作依然相同。

5）角色再次转身面向观众，得意地大笑，而影子开始了恶作剧，做起了自己的动作。

6）角色有些察觉，突然回头面向影子做动作，此时影子马上收敛，继续跟随角色做同样的动作。

7）不一会，影子又开始了他的恶作剧，动作比角色慢半拍。

8）角色回身面向观众表示惊讶，影子在后面开始了个人表演。

9）角色再次察觉，回身继续动作，此时影子已经完全不顾及角色的存在，公然做与角色不同的动作。

7.2.2　角色定位与设计

角色定位与设计在动画片中是非常重要的一个环节。对于一部好的动画片，比如《米老鼠与唐老鸭》，观众观看很多年以后，其中的情节也许已经忘记，但它们的形象却能让观众记忆犹新。

本例中的角色造型十分简洁，形象可爱、有趣、生动、有创意，如图 7-39 所示。

侧面　　　　　　　　正面　　　　　　　　大笑　　　　　　　　手势

图 7-39　角色造型

7.2.3　素材准备

本例素材准备分为角色、场景和工具 3 个部分。素材可以在纸上通过手绘完成，然后通过扫描仪将手绘素材转入计算机后再进行相应处理，也可以在 Flash 中直接绘制完成。本例中的角色和场景素材是通过手绘完成的，所以边缘线条有较好的手绘效果，从而增强了表现力，使作品风格更加突出。角色素材由于有丰富的动作，所以被分为若干部分，然后又被转换为元件，像制作木偶一样被组合起来。本例中的工具素材是通过 Flash 绘制完成的，所有素材处理后的结果如图 7-40 所示。

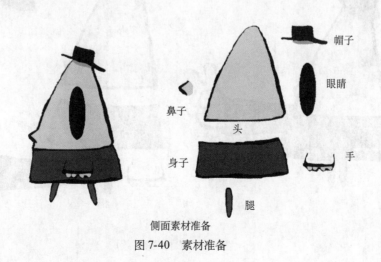

帽子

眼睛

鼻子　　　　　　头

身子　　　　　　　　手

腿

侧面素材准备

图 7-40　素材准备

图 7-40　素材准备（续）

场景素材准备

工具素材准备

图 7-40　素材准备 (续)

7.2.4　制作与发布

在剧本编写、角色定位与设计都完成后，接下来进入 Flash 制作阶段。Flash 制作阶段又分为绘制分镜头和原动画制作两个环节。

1. 绘制分镜头

分镜头画面脚本是原动画以及后期制作等所有工作的参照物，如果文学剧本是个框架，那么分镜头画面脚本就是实施细则。这个工作是由导演直接负责的，用 Flash 制作动画片也同样需要分镜头画面脚本。分镜头画面脚本通常是在分镜头纸上手绘完成的，然后在制作动画时就可以以分镜头脚本为依据逐个镜头完成动画。图 7-41 为本实例的几个分镜头效果。

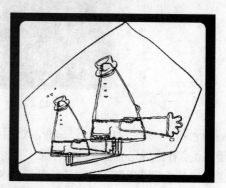

图 7-41　分镜头效果

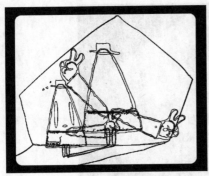

图 7-41　分镜头效果（续）

2. 原动画制作

Flash 动画片中的原动画制作与二维传统动画有一定区别，二维传统动画中的原画和动画都需要手绘完成，而在 Flash 中除了继承二维传统动画的制作特点外，还增加了大量的自动生成动画的方法。例如，移动、旋转、缩放、不透明度、渐变等动画只需绘制出原画，软件就会自动生成中间的动画。

本例原动画的制作分为制作字幕动画、角色及阴影入场动画、情景动画、角色及阴影出场动画 4 个部分。

（1）制作字幕动画

1）启动 Animate CC 2017 软件，新建一个 ActionScript 3.0 文件。

2）本例制作的动画是要在 PAL 制式电视上播放的，因此将文件大小设置为 720 像素 ×576 像素。具体设置方法如下：执行菜单中的"修改 | 文档"命令，在弹出的"文档设置"对话框中设置参数，如图 7-42 所示，然后单击"确定"按钮。

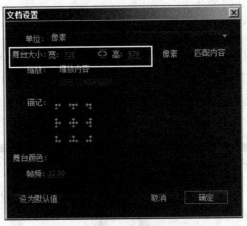

图 7-42　设置"文档设置"参数

3）执行菜单中的"窗口 | 库"命令，然后在"背景"图层的第 17 帧按快捷键〈F7〉，插入空白关键帧，接着将事先准备好的"背景"素材元件拖入舞台。最后在第 168 帧按快捷键〈F5〉，插入普通帧，从而将"背景"图层延长到第 168 帧，结果如图 7-43 所示。

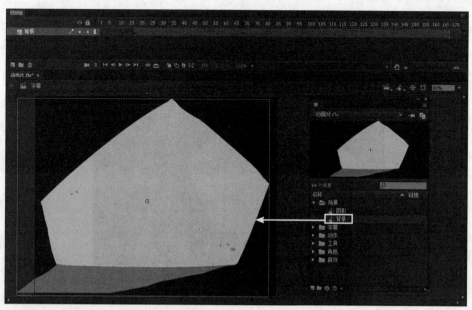

图 7-43 将"背景"元件拖入舞台并延长到第 168 帧

4）制作字幕"W&W"从小到大再到小的效果。新建"字幕 1"图层，在第 44 帧按快捷键〈F7〉，插入空白关键帧，然后输入文字"W&W"，并按快捷键〈Ctrl+B〉将文字分离为图形。再按快捷键〈F8〉，将其转换为"W&W"元件，并适当缩小。接着在第 46 帧按快捷键〈F6〉，插入关键帧，并将舞台中的"W&W"元件放大。最后在第 47 帧按快捷键〈F6〉，插入关键帧，并将舞台中的"W&W"元件适当缩小。图 7-44 为不同关键帧的文字缩放效果。

提示：将文字分离为图形的目的是防止在其他计算机上进行再次编辑时，由于缺少字体而出现字体替换的情况。

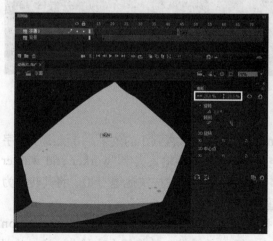

第 44 帧

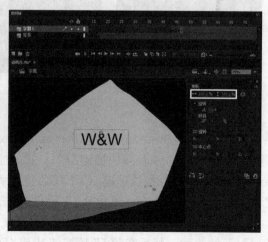

第 46 帧

图 7-44 文字缩放效果 1

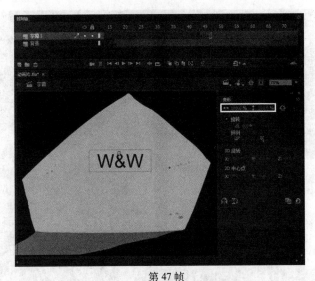

第 47 帧

图 7-44　文字缩放效果 1（续）

5）制作字幕"W&W"逐渐消失的效果。在"字幕 1"图层的第 83 帧和第 86 帧分别按快捷键〈F6〉，插入关键帧，然后在第 86 帧选中舞台中的"W&W"元件，在"属性"面板中将 Alpha（透明度）值设置为 0%，如图 7-45 所示。接着右键单击第 83 帧，在弹出的快捷菜单中选择"创建传统补间"命令。最后为了减小文件大小，选中第 86 帧以后的帧，按快捷键〈Shift+F5〉进行删除。此时，时间轴分布如图 7-46 所示。

图 7-45　将"W&W"元件的
Alpha 值设为 0%

图 7-46　时间轴分布 4

6）制作字幕"worker and walker animation inc."从小到大再到小的效果。方法：新建"字幕 2"图层，在第 54 帧按快捷键〈F7〉，插入空白关键帧，然后输入文字"worker and walker animation inc."，并按快捷键〈Ctrl+B〉，将文字分离为图形。接着按快捷键〈F8〉，将其转换为"worker and walker animation inc."元件，并适当缩小。

在第 56 帧按快捷键〈F6〉，插入关键帧，并将舞台中的"worker and walker animation inc."元件放大。然后在第 57 帧按快捷键〈F6〉，插入关键帧，并将舞台中的"worker and walker animation inc."元件再适当缩小。图 7-47 为不同关键帧的文字缩放效果。

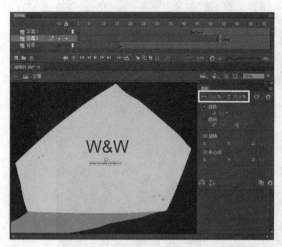

第 54 帧

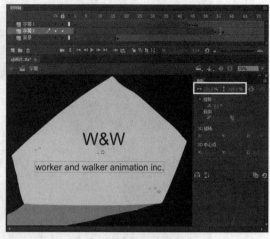

第 56 帧

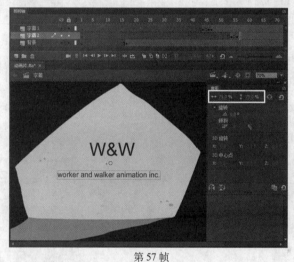

第 57 帧

图 7-47 文字缩放效果 2

7）制作字幕"worker and walker animation inc."逐渐消失的效果。在"字幕 1"图层的第 88 帧和第 91 帧分别按快捷键〈F6〉，插入关键帧，然后在第 88 帧选中舞台中的"worker and walker animation inc."元件，在"属性"面板中将 Alpha（透明度）值设置为 0%。接着右键单击第 88 帧，在弹出的快捷菜单中选择"创建补间动画"命令。最后为了减小文件大小，选中第 91 帧以后的帧，按快捷键〈Shift+F5〉进行删除。此时，时间轴分布如图 7-48 所示。

8）制作标题动画。新建"标题"图层，在第 108 帧按快捷键〈F7〉，插入空白关键帧，然后输入文字"影子"，并按快捷键〈Ctrl+B〉将文字分离为图形。接着按快捷键〈F8〉，将其转换为"shadow"元件。最后将其拖到工作区右侧，如图 7-49 所示。

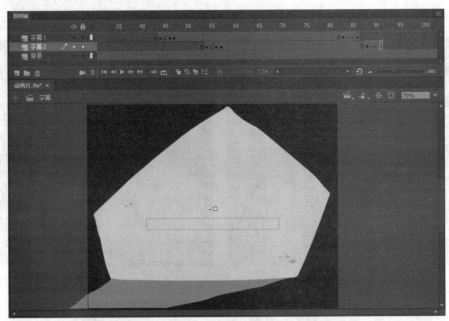

图 7-48　时间轴分布 5

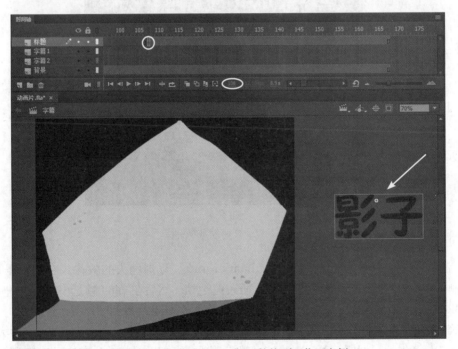

图 7-49　将"shadow"元件拖到工作区右侧

9)　在第 111 帧按快捷键〈F6〉，将"shadow"元件移到工作区中央，如图 7-50 所示。接着在第 113 帧按快捷键〈F6〉，将"shadow"元件略微向右移动，从而使标题的出现更加生动，如图 7-51 所示。最后分别右键单击第 108～113 帧，从弹出的快捷菜单中选择"创建传统补间"命令，此时，时间轴分布如图 7-52 所示。

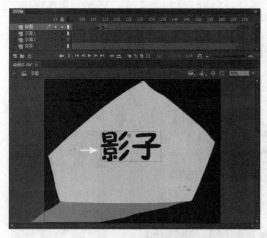

图 7-50 将"shadow"元件移到工作区中央

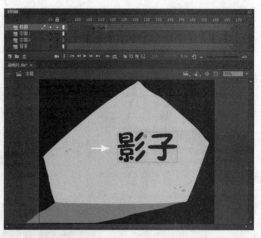

图 7-51 将"shadow"元件略微向右移动

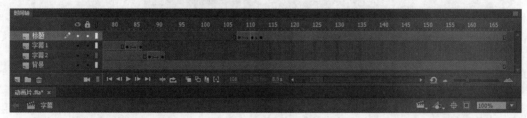

图 7-52 时间轴分布 6

(2)制作角色及阴影入场动画

1)执行菜单中的"窗口 | 其他面板 | 场景"命令,调出"场景"面板,然后单击 (添加场景)按钮,新建"内容"场景,如图 7-53 所示。

图 7-53 新建"内容"场景

提示:将一个 Flash 动画分为若干个场景,是为了便于文件的管理。

2)制作背景。为了保持"内容"场景和"字幕"场景的背景位置一致,下面回到"字幕"场景。右键单击"背景"图层的第 17 帧,从弹出的快捷菜单中选择"复制帧"命令。然后回到"内容"场景,将"图层 1"图层命名为"背景"图层,接着右键单击第 1 帧,从弹出的快捷菜单中选择"粘贴帧"命令,从而将两个场景的背景位置对齐。

3)制作角色入场动画。执行菜单中的"插入 | 新建元件"(快捷键〈Ctrl+F8〉)命令,创建一个"走路"图形元件。然后从"库"面板中将"帽子""头""身子""眼睛""手"和"腿"元件拖入"走路"元件中,并放置到相应位置,如图 7-54 所示。

在第 3 帧按快捷键〈F6〉,插入关键帧,然后调整形状,如图 7-55 所示,从而制作出双腿交替过程中视觉上的重影效果。接着在第 4 帧按快捷键〈F6〉,插入关键帧,然后调整形状,如图 7-56 所示。此时,"走路"元件时间轴分布如图 7-57 所示。

提示:在本段动画中,之所以让角色的行走动画在第 3 帧出现腿的重影,是为了产生运动模糊,从而达到更好的视觉效果。

图 7-54　组合元件 1

图 7-55　在第 3 帧调整形状 1

图 7-56　在第 4 帧调整形状 1

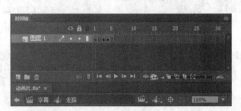

图 7-57　"走路"元件时间轴分布

4）单击 ⬛ 内容 按钮，回到"内容"场景，然后新建"角色"图层，从"库"面板中将"走路"元件拖入舞台。再在"背景"的第 80 帧按快捷键〈F5〉，插入普通帧。接着在"角色"的第 80 帧按快捷键〈F6〉，插入关键帧。最后分别在第 1 帧和第 80 帧调整"走路"元件的位置，并创建传统补间动画，如图 7-58 所示。

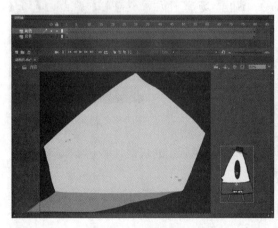

图 7-58　在第 1 帧和第 80 帧调整"走路"元件的位置

5）此时角色入场前后没有灯光对比效果，如图 7-59 所示，下面来解决这个问题。在"内容"场景中新建"暗部"图层，然后绘制图形，如图 7-60 所示。接着按快捷键〈F8〉，将其转换为元件。最后在"属性"面板中将其 Alpah 值设置为 50%，结果如图 7-61 所示。

提示：Flash 属于二维动画软件，不像三维软件那样可以创建灯光对象，因此在 Flash 中通常采用以上方式来表现场景中的明暗对比。

图 7-59　没有灯光的效果

图 7-60　绘制图形

图 7-61　将 Alpha 值设置为
50% 的效果

6）制作墙体阴影动画。在"内容"场景中新建"阴影"图层，然后将"走路"元件拖入工作区中，并适当放大，再在"属性"面板中将"亮度"值设置为"−100"，如图 7-62 所示。接着将其移动到适当位置，如图 7-63 所示。最后在"阴影"图层的第 80 帧按快捷键〈F6〉，插入关键帧，将"走路"元件移动到适当位置，并创建传统补间动画，如图 7-64 所示。

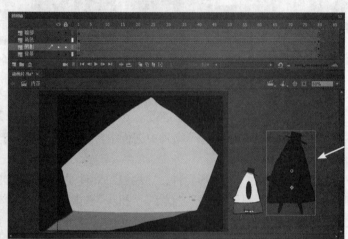

图 7-62　调整亮度值

图 7-63　将"走路"元件移动到适当位置

图 7-64　将"走路"元件移入舞台

7）制作地面阴影动画。在"内容"场景中新建"连接"图层，然后在第 52 帧按快捷键〈F7〉，插入空白关键帧，接着使用 ✏（画笔工具）将角色腿部与墙面阴影腿部进行连接，如图 7-65 所示，从而表现出地面阴影被拉长的效果。同理，将第 53～80 帧的角色腿部与墙面阴影腿部进行连接。图 7-66 为第 80 帧的效果。

图 7-65　连接角色腿部与墙面阴影腿部　　　　图 7-66　第 80 帧的效果

（3）制作情节动画

情节动画是该段动画的核心部分，为了简化操作，将这段动画分配到 6 个元件中去完成，然后再将这 6 个元件在"内容"场景中进行组合。这 6 个元件分别是"摆手 1""摆手 2""大笑""阴影 1""奇怪"和"阴影 2"。

1）制作"摆手 1"图形元件。"摆手 1"元件是角色第 1 次摆手势的动作，其中包括"停下脚步""呼吸""眨眼""转身""摆手""扭头""微笑"和"再转身"几个动作。这段动画制作比较灵活，"摆手"动作使用的是补间动画，其他动作是逐帧动画，用户可根据自己对动画片的理解，或者参考网盘中的"素材及结果 \ 7.2 制作动画片 \ 动画片 .swf"文件来完成。图 7-67 为"摆手 1"元件的部分动作过程，图 7-68 为"摆手 1"元件的时间轴分布。

停下脚步　　　　　　呼吸　　　　　　　眨眼　　　　　　　转身

图 7-67　"摆手 1"元件的部分动作过程

摆手　　　　　　　扭头　　　　　　　微笑　　　　　　　再转身

图 7-67 "摆手 1"元件的部分动作过程（续）

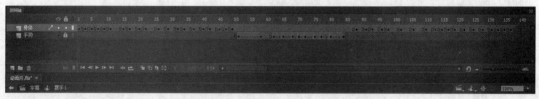

图 7-68 "摆手 1"元件的时间轴分布

2）制作"摆手 2"图形元件。"摆手 2"元件是角色第 2 次摆手势的动作，其中包括"摆手""扭头""大笑"几个动作。图 7-69 为"摆手 2"元件的部分动作过程，图 7-70 为"摆手 2"元件的时间轴分布。

图 7-69 "摆手 2"元件的部分动作过程

图 7-70 "摆手 2"元件的时间轴分布

3）制作"大笑"图形元件。执行菜单中的"插入 | 新建元件"（快捷键〈Ctrl+F8〉）命令，

创建一个"大笑"图形元件。然后从"库"面板中将"帽子""头 3""身子""手势 2""表情 3"和"腿"元件拖入"大笑"元件中，并放置到相应位置，如图 7-71 所示。接着在第 3 帧按快捷键〈F6〉，然后调整形状，如图 7-72 所示。最后在第 4 帧按快捷键〈F6〉，然后调整形状，如图 7-73 所示。此时，时间轴分布如图 7-74 所示。

> 提示：之所以制作"大笑"元件，是因为角色在该段情节中有一段较长时间的重复大笑，共 44 帧，只需要完成其中的一个循环动作，然后将其重复即可。

图 7-71　组合元件 2　　　　图 7-72　在第 3 帧调整形状 2　　　　图 7-73　在第 4 帧调整形状 2

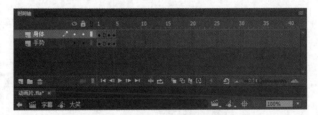

图 7-74　"大笑"元件的时间轴分布

4）制作"阴影 1"图形元件。"阴影 1"是角色在回头大笑时阴影产生的动作。"阴影 1"包括多种手势，图 7-75 为角色阴影手势的不同姿态，图 7-76 为"阴影 1"元件的时间轴分布。

图 7-75　角色阴影手势的不同姿态

图 7-75　角色阴影手势的不同姿态（续）

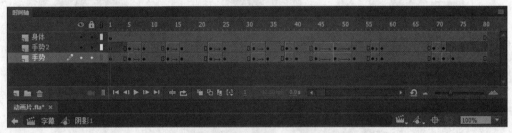

图 7-76　"阴影 1"元件的时间轴分布

5）制作"奇怪"图形元件。"奇怪"元件是角色与影子产生差异时的角色动作，其中包括"惊讶""扭头""摆手""换手势""奇怪""再扭头""再换手势"和"转身"几个动作。图 7-77 为"奇怪"元件的角色部分动作过程，图 7-78 为"奇怪"元件的时间轴分布。

图 7-77　"奇怪"元件的角色部分动作过程

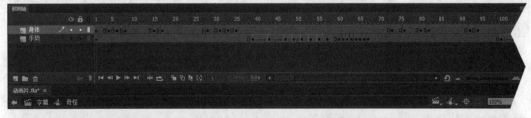

图 7-78　"奇怪"元件的时间轴分布

6）制作"阴影2"图形元件。"阴影2"元件是影子与角色产生差异时的影子动作，包括"手势""玩锤子""丢帽子""玩榔头""玩雨伞"和"头顶雨伞"几个动作。图7-79为"阴影2"元件的阴影部分动作过程，图7-80为"阴影2"元件的时间轴分布。

图7-79 "阴影2"元件的阴影部分动作过程

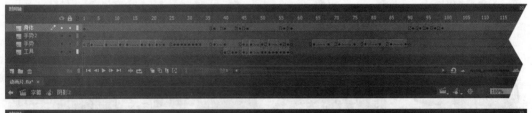

图7-80 "阴影2"元件的时间轴分布

7）单击 内容 按钮，回到"内容"场景，然后在"角色"图层的第81帧按快捷键〈F7〉，插入空白关键帧，从"库"面板中将"摆手1"元件拖入舞台并与前一帧的元件位置对齐，接着在第214帧按快捷键〈F5〉，插入普通帧。

在第215帧按快捷键〈F7〉，然后从"库"面板中将"摆手2"元件拖入舞台并与前一帧的元件位置对齐，接着在第268帧按快捷键〈F5〉，插入普通帧。

在第269帧按快捷键〈F7〉，然后从"库"面板中将"大笑"元件拖入舞台并与前一帧的元件位置对齐，接着在第313帧按快捷键〈F5〉，插入普通帧。

提示："大笑"元件只有4帧，将其延长到44帧的目的是让其不断重复。

在第 314 帧按快捷键〈F7〉，然后从"库"面板中将"奇怪"元件拖入舞台并与前一帧的元件位置对齐，接着在第 498 帧按快捷键〈F5〉，插入普通帧。

8）为了使"背景"和"暗部"图层与"角色"图层等长，下面分别在"背景"和"暗部"图层的第 498 帧按快捷键〈F5〉，使这两个图层的总长度延长到第 498 帧。

9）在"阴影"图层的第 81 帧按快捷键〈F7〉，插入空白关键帧，然后从"库"面板中将"摆手 1"元件拖入舞台并与前一帧元件对齐，接着在"属性"面板中将"亮度"设置为"–100"，最后在第 214 帧按快捷键〈F5〉，插入普通帧。

同理，在"阴影"图层的第 215 帧按快捷键〈F7〉，插入空白关键帧，然后从"库"面板中将"摆手 2"元件拖入舞台并与前一帧元件对齐，接着在"属性"面板中将"亮度"设置为"–100"，最后在第 268 帧按快捷键〈F5〉，插入普通帧。

同理，在"阴影"图层的第 269 帧按快捷键〈F7〉，插入空白关键帧，然后从"库"面板中将"阴影 1"元件拖入舞台并与前一帧元件对齐，接着在"属性"面板中将"亮度"设置为"–100"，最后在第 350 帧按快捷键〈F5〉，插入普通帧。

同理，在"阴影"图层的第 351 帧按快捷键〈F7〉，插入空白关键帧，然后从"库"面板中将"阴影 2"元件拖入舞台并与前一帧元件对齐，接着在"属性"面板中将"亮度"设置为"–100"，最后在第 574 帧按快捷键〈F5〉，插入普通帧。

10）在"连接"图层的第 83 帧按快捷键〈F7〉，然后利用 ✎（画笔工具）将角色腿部与墙面阴影腿部进行连接，如图 7-81 所示。然后在第 498 帧按快捷键〈F5〉，使这个图层的总长度也延长到第 498 帧。

图 7-81　将角色腿部与墙面阴影腿部进行连接

(4) 角色及阴影出场动画

这个动画属于幽默动画，角色开始是和影子一起入场并做着相同的动作，而后来影子和角色开起了玩笑，动作开始和角色产生了差异，并在角色生气离开舞台后还在自我表现，所以它们的出场时间是不同的。

1）制作角色离场动画。选择"角色"图层的第 499 帧按快捷键〈F7〉，插入空白关键帧，然后从"库"面板中将"走路"元件拖入舞台，并与前一帧进行对齐，如图 7-82 所示。接着在第 525 帧按快捷键〈F6〉，插入关键帧，并将"走路"元件移动到舞台左侧，如图 7-83 所示。最后创建第 499～525 帧之间的传统补间动画。

图 7-82 将"走路"元件拖入舞台并对齐   图 7-83 将"走路"元件移动到舞台左侧

2）制作阴影出场动画。执行菜单中的"插入｜新建元件"（快捷键〈Ctrl+F8〉）命令，创建一个"走路 2"图形元件。然后从"库"面板中将"伞""头""身子"和"腿"元件拖入"走路 2"元件中，并放置到相应位置，如图 7-84 所示。在第 3 帧按快捷键〈F6〉，然后调整形状如图 7-85 所示。在第 4 帧按快捷键〈F6〉，然后调整形状如图 7-86 所示，并在第 5 帧按快捷键〈F5〉。此时，时间轴分布如图 7-87 所示。

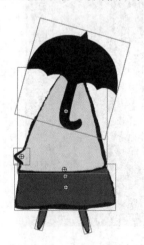  

图 7-84 组合元件 3   图 7-85 在第 3 帧调整形状 3   图 7-86 在第 4 帧调整形状 4

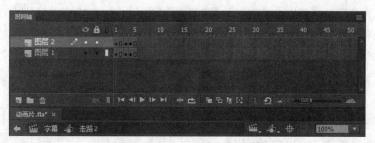

图 7-87 "走路 2"元件的时间轴分布

单击 内容，回到"内容"场景，然后在"阴影"图层的第 575 帧按快捷键〈F7〉，插入空白关键帧，从"库"面板中将"走路 2"元件拖入舞台并与前一帧的元件位置对齐，并在"属性"面板中将"亮度"值设为"-100"，结果如图 7-88 所示。接着在第 593 帧按快捷键〈F6〉，插入关键帧，将"走路 2"元件移动到适当的位置，如图 7-89 所示。最后创建第 575 ~ 593 帧之间的传统补间动画。

图 7-88 将"亮度"值设为"-100"的效果

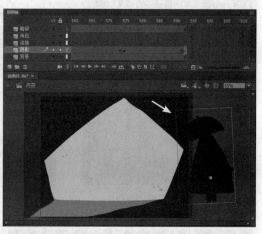
图 7-89 将"走路 2"元件移动适当的位置

(5) 制作结束动画

1) 单击场景面板下方的 （添加场景）按钮，新建"结束"场景，如图 7-90 所示。

图 7-90 新建"结束"场景

2) 制作背景。为了保持"结束"场景和"内容"场景的背景位置一致，下面回到"内容"场景。右键单击"背景"图层的第 1 帧，从弹出的快捷菜单中选择"复制帧"(或按快捷键〈Ctrl+C〉)命令。然后回到"结束"场景，右键单击第 1 帧，从弹出的快捷菜单中选择"粘贴帧"(快捷键

〈Ctrl+Shift+V〉）命令。接着在"结束"场景"背景"图层的第 50 帧按快捷键〈F5〉，插入普通帧，从而使"背景"图层延长到第 50 帧。

3）执行菜单中的"插入|新建元件"（快捷键〈Ctrl+F8〉）命令，创建一个"完"图形元件，然后输入文字"完"，并按快捷键〈Ctrl+B〉将其分离为图形，接着对其进行颜色填充，如图 7-91 所示。

4）单击 结束 按钮，回到"结束"场景。然后新建"字"图层，在第 9 帧按快捷键〈F7〉，插入空白关键帧。接着从"库"面板中将"完"元件拖入舞台中，位置如图 7-92 所示。最后在第 13 帧和第 14 帧分别按快捷键〈F6〉插入关键帧，并移动位置如图 7-93 所示。

提示：为了体现字的轻微跳动效果，在第 14 帧略微将"字"元件向右移动。

图 7-91　文字填充效果

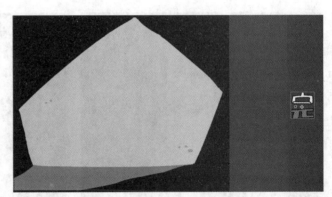

图 7-92　将"完"元件拖入舞台中

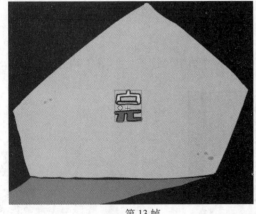

第 13 帧

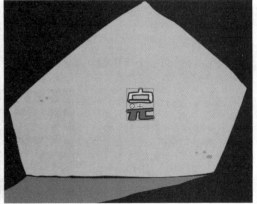

第 14 帧

图 7-93　移动"完"元件位置

5）在"背景"图层的上方新建"字的影子"图层，然后从"库"面板中将"完"元件拖入舞台中，并在"属性"面板中将"亮度"设置为"–100"，接着调整位置如图 7-94 所示。

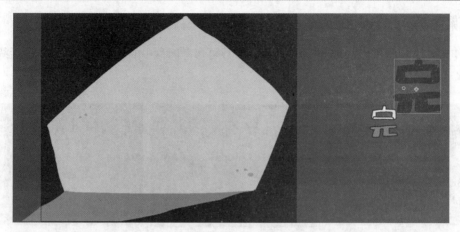

图 7-94　将"完"元件"亮度"设置为"–100"的效果

6）为了体现出幽默动画的特点，将字的阴影也做了一些动画，图 7-95 为不同帧的画面效果。用户也可根据自己对作品的理解自由发挥。

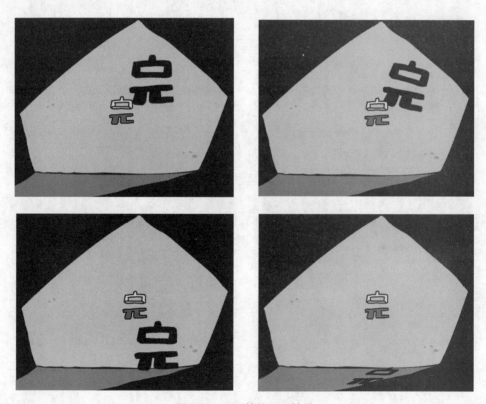

图 7-95　不同帧的画面效果

3. 发布作品

执行菜单中的"文件 | 导出 | 导出影片"命令，即可对作品进行输出。

7.3 课后练习

　　制作人物打斗的小短片,如图 7-97 所示。参数可参考网盘中的"课后练习 \ 7.3 课后练习 \ 练习 \ 趁火打劫 .fla"文件。

图 7-96　练习